Otto Steiger

Lornac ist überall

Otto Steiger wurde 1909 in Uetendorf bei Thun geboren. In Bern und Paris besuchte er die Schule und Universität. Von 1936 bis 1943 war Otto Steiger Redakteur und Nachrichtensprecher beim Rundfunk. Dann leitete er eine Privatschule in Zürich, der Stadt, in der er nun seit mehreren Jahren als freier Schriftsteller lebt.

Seine jüngsten Bücher wenden sich an Jugendliche, wie zum Beispiel ›Sackgasse‹, ausgezeichnet mit dem Schweizerischen Jugendbuchpreis, ›Erkauftes Schweigen‹ und ›Ein abgekartetes Spiel‹.

Otto Steiger

Lornac ist überall

Deutscher
Taschenbuch
Verlag

Weitere Bücher zum Thema Umweltschutz bei dtv junior:

Michl/Michels: Am Froschweiher (Bilderbuch), Band 7983
Kalas: Die Gänsekinder (Foto-Bilderbuch), Band 7985
Bartos-Höppner: Ein schönes Leben für die kleine Henne (in der Reihe dtv junior Lesebär – große Druckschrift), Band 7587
Bartos-Höppner: Kommst du mit, Kolja (in der Reihe dtv junior Lesebär – große Druckschrift), Band 7594

Winsemius: Das Findelkind vom Watt, Band 70083 (ab 9)
Winsemius: Hilfe! Mein Gefieder ist voll Öl, Band 70102 (ab 9)
Winsemius: Vier Welpen im Dachsbau, Band 70191 (ab 9)
Heyne: Der Krötenkrieg von Selkenau, Band 70109 (ab 9)
Rauprich: Laßt den Uhu leben! Band 70129 (ab 9)
Rauprich: Die sanften Riesen der Meere, Band 70217 (ab 10)
Fischer-Nagel/Schmitt: Eine Biberburg im Auwald, Band 70161 (ab 9)
Pauls: Ein Versteck für den Fischotter, Band 70166 (ab 10)

Dekkers: Der Wal in der Falle, Band 70096 (ab 12)

Ungekürzte Ausgabe
Juni 1983
7. Auflage August 1991
Deutscher Taschenbuch Verlag GmbH & Co. KG, München

ISBN 3-545-33087-7
Umschlaggestaltung: Celestino Piatti
Umschlagbild: Reinhard Michl
Gesetzt aus der Garamond 10/11·
Gesamtherstellung: Kösel, Kempten
Printed in Germany · ISBN 3-423-07834-0

Die erste Verbindung zwischen der amerikanischen Ölgesellschaft und dem Bürgermeister von Lornac wurde durch einen Brief hergestellt, den ein Anwalt in Brest am 2. Februar 1978 schrieb. Bürgermeister Madec las diesen Brief mit steigendem Interesse, mit einer Spannung, die von Zeile zu Zeile wuchs. Als er mit dem Lesen fertig war, schlug sein Herz schneller, für einen Moment hatte es ihm den Atem verschlagen. Er stand auf, trat ans Fenster, blickte hinaus auf den unteren Teil des Dorfes, den kleinen Hafen und auf die endlose Fläche des Ozeans. Dann aber, als er sich ein wenig beruhigt hatte, setzte er sich wieder an den Tisch und las den Brief noch einmal, langsamer und sorgfältiger.

1

Es war schon dunkel, fast acht Uhr, als Gaston den Laden endlich abschloß. An Samstagen ist es immer dasselbe, dachte er. Wenn man mit Freunden verabredet ist, kommt man nie rechtzeitig weg. Im letzten Moment schlüpft immer noch schnell eine Frau zur Tür herein, will Seife kaufen oder Käse, und dann weiß sie nicht, welche Seife oder welchen Käse. Wenn es heute abend nicht so stürmte, hätte ich den Laden bestimmt jetzt noch nicht zumachen können.

Um acht Uhr war er mit Louis und Remi verabredet. Aber nun würde er sich verspäten. Louis würde ihm bestimmt einen Stuhl freihalten, aber er wäre gern von Anfang an dabeigewesen. Zu Beginn von Veranstaltungen der »Ar Falz«, der bretonischen Vereinigung, spielte die Musik immer zwei oder drei Stücke mit Dudelsack und Bombarde, und anschließend sang ein Chor Lieder in bretonischer Sprache. Das hatte er jetzt verpaßt. Er konnte von Glück reden, wenn er nicht zu spät zur Rede von Le Tocquer kam.

Er ging hinüber in die kleine Bar auf der andern Seite des Ganges. Die wenigen runden Tischchen waren leer wie meistens um diese Zeit. An der kaum vier Meter langen Theke lehnten ein paar junge Männer aus dem Dorf, unterhielten sich, lachten. Und hinter der Theke stand Odette mit freundlichem, unbeteiligtem Gesicht, hörte den Späßen der jungen Männer zu, füllte ihre Gläser und schien mit ihren Gedanken weit weg zu sein wie immer.

Gaston winkte ihr zu, als er eintrat. Sie sah schnell zu ihm rüber, nahm das kleine unbedeutende Lächeln nicht aus ihrem Gesicht. Aber er kannte sie gut genug; er wußte, sie grüßte ihn auf diese Weise. Sie grüßte ihn mit den Augen.

Er war ein wenig überrascht, den Vater nicht an seinem gewohnten Platz neben der Theke zu sehen. Er saß hinten an einem Tischchen allein mit seinem Glas Calvados.

Gaston ging zu ihm, legte den Ladenschlüssel auf den Tisch, sagte: »Warum sitzt du nicht drüben an deinem Platz neben der Theke?«

»Mir ist wohl hier«, sagte der Vater. »Du meinst, ich sollte mich mit den jungen Leuten unterhalten? Nein, die sind nicht meinetwegen da.«

Natürlich waren die jungen Männer nicht wegen Jules Kerjean hergekommen. Die waren wegen Odette hier. Sie warfen ihr verstohlene Blicke zu. Und Odette lächelte höflich. Immer lächelte sie so, wenn Gäste an der Theke standen, und wenn einer zu ihr etwas sagte, gab sie eine kurze Antwort.

Diese jungen Männer gingen Odette nichts an, dachte Gaston, die waren ihr gleichgültig. Ein Supermann hätte hereinspazieren können, sie hätte ihm nicht mehr als einen flüchtigen Blick und ein ebenso flüchtiges Lächeln geschenkt. Nur einem hätte sie mehr geschenkt. Nur seinem Bruder Yves. Aber Yves war in Paris. Der kam bestimmt nicht zur Tür herein. Der arbeitete bei Armand Morin, seinem Schwager. Yves war Koch – ein guter Koch. Armand konnte froh sein, ihn in seinem Restaurant zu haben.

»Hast du etwas gegessen, Gaston?« fragte Odette.

»Nein, ich esse, wenn ich heimkomme, jetzt muß ich weg.«

»Wohin gehst du?« fragte der Vater.

»Ins ›Armor‹. Eine Versammlung von ›Ar Falz‹. Le Tocquer spricht.«

Jules Kerjean hob das leere Glas, blickte zu Odette hinüber. Sie kam mit der Flasche und füllte es wieder. Sie stand jetzt dicht neben Gaston, das fast schulterlange blonde Haar hatte sie an den Schläfen mit Spangen zurückgesteckt. Er sah ihr ins Gesicht, und wieder war er – zum tausendsten Mal – erstaunt, wie schön sie war. Nicht eine Schönheit, die auffallen möchte, dachte er. Im Gegenteil: fast widerwillig war sie hübsch. Schönheit wider Willen, dachte Gaston. Das gefiel ihm: Schönheit wider Willen. Er sagte: »Odette, weißt du, was du bist?«

»Was bin ich?«

»Eine Schönheit wider Willen«, sagte er und lachte.

Sie ging zur Theke zurück, wandte sich kurz um, lächelte nicht. Der Vater setzte das Glas an und leerte es in einem Zug. Es war sonst nicht seine Art, so hastig zu trinken. Als müsse er irgend etwas hinunterspülen. Es war auch nicht seine Art, hinten in der Bar zu sitzen und Odette die Arbeit allein tun zu lassen.

»Hast du etwas?« fragte Gaston.

»Warum? Was sollte ich haben?«

»Weil du hier hinten sitzt. Und weil du den Calvados wie Wasser hinuntergießt.«

»So? Tu ich das? Ich trinke meinen Calvados, wie ich will.«

»Ich sag' ja gar nichts. Ich habe nur gedacht, vielleicht ist etwas passiert.«

»Es ist etwas passiert. Weißt du eigentlich, was heute für ein Tag ist?«

»Der 18. Februar. Warum?«

»Der 18. Februar 1978. Aber das sagt dir wohl nichts.«

»Ach so«, sagte Gaston nach einer Pause. »Mamas Todestag.«

»Ja. Der zweite Todestag.«

Gaston blieb ein paar Sekunden unschlüssig stehen, sagte dann: »Ich geh' jetzt.«

»Paß auf!« sagte der Vater. »Ich kenne diese Versammlungen, wenn Le Tocquer spricht. Laß dich auf nichts ein, mach keine Dummheiten.«

»Ich versteh' nicht, was du meinst.«

»Du verstehst mich ganz genau. Halt mich nicht für blöd.«

Gaston ging, winkte Odette zu, holte sein Mofa und fuhr ins Dorf. Von Westen her wehte ein scharfer Wind. Ein Wind, der Regen bringt. Aber es regnete noch nicht. Der Wind macht nichts, dachte Gaston. Aber wenn Remi sich für heute nacht etwas ausgedacht hat, ist es besser, wenn es nicht regnet.

Im »Armor« war die Veranstaltung in vollem Gang. Im vorderen Teil des Saales hatte man die Tische weggeräumt. Da tanzten die Jungen und Mädchen. Viele in bretonischer Tracht. Sie bildeten einen Kreis, legten sich die Arme gegenseitig auf die Schultern, die Musik spielte die »Sabotée«, den Holzschuhtanz. Der Raum war lang und niedrig. Rauch lag über den Tischen, alle saßen dicht gedrängt, weil zu diesem Fest nicht nur Leute aus Lornac, sondern auch aus der Umgebung, sicher aus Portsall, gekommen waren.

Gaston hatte Mühe, seine Freunde in dem Gedränge zu finden. »Du kommst spät«, sagte Louis, als er sich zu ihnen setzte. »Nach diesem Tanz spricht Le Tocquer.«

»Und nachher?«

»Ich habe etwas vorbereitet«, sagte Remi leise. »Ich erzähle es euch später.«

Der Tanz war zu Ende, man klatschte. Le Tocquer erhob sich, ging ans Mikrofon und wurde mit Applaus begrüßt. Er war klein, nervös, unsicher, einer der führenden Männer jedoch in der bretonischen Unabhängigkeitsbewegung, jener Bewegung, die vor allem in der westlichen Bretagne viele Anhänger hat. Er sprach hastig und leise. Er wollte alles sagen, was er auf dem Herzen hatte, und er hatte vieles auf dem Herzen. Oft versprach er sich, begann einen Satz, führte ihn nicht zu Ende. Wenn seine Rede von Beifall unterbrochen wurde, war er sichtlich ungehalten, weil er warten mußte, bis er weiterreden konnte. Er war nicht auf Beifall aus, er wollte erklären, Tatsachen schildern, nicht die Menge begeistern.

Die Zuhörer kannten seine Ansichten, sie wußten aus vielen seiner Reden, was er wollte. Man war nicht ins »Armor« gekommen, um Neues zu hören, sondern einfach, um dabeizusein. Man klatschte nicht aus Begeisterung, wenn sich auch die Leute während seiner Reden hin und wieder zunickten: recht hat er! Man klatschte eher aus

Anerkennung, so, wie man den Tänzern aus Anerkennung applaudierte.

Le Tocquer beklagte nicht nur, daß Paris den westlichen Teil des Landes vernachlässigte, sondern auch die Tatsache, daß die jungen Bretonen mehr noch als früher in andern Teilen des Landes Arbeit suchen mußten. »Die Jugend wandert aus«, beendete er seine Rede, »dagegen bauen immer mehr alte Leute ihre Häuser an unsern Stränden, weil die Luft gesund ist. Die Bretagne wird bald das Altersheim von Frankreich sein. Deshalb rufe ich den Jungen zu: Ihr dürft nicht weggehen, ihr dürft nicht aufgeben. Wenn ihr weggeht, ist das Flucht. Feige, bequeme Flucht. Hier ist euer Land, hier ist eure Heimat. Hier sollt ihr für bessere Lebensbedingungen kämpfen. Und wenn dieser Kampf auch hart ist, so dürft ihr doch nicht aufgeben.«

Das war der Schluß aller seiner Reden: nicht aufgeben! Remi zwinkerte seinen beiden Kameraden zu: »Wir drei, wir gehen bestimmt nicht fort – oder?«

»Bestimmt nicht«, sagte Louis.

Gaston antwortete nicht. Er war im Herbst aus der Schule gekommen, fast 16 Jahre alt. Er hatte eine Lehrstelle als Mechaniker gesucht, nichts gefunden, er arbeitete jetzt im Laden seines Vaters. Aber er dachte jeden Tag ein paarmal: das ist keine Beschäftigung für mich, ein Pfund Erbsen, 100 Gramm Schinken zu verkaufen. Das ist nichts für jemanden, der Freude an der Technik hat und gerne einen Beruf lernen möchte. Er mußte eben weitersuchen, bis er eine Lehrstelle fand. Und wenn das auch weit weg von zu Hause war. Vielleicht sogar in Paris. Er hatte an seinen älteren Bruder geschrieben, auch an seinen Schwager Armand, den Mann seiner Schwester Anne.

Deshalb wollte er Remi nicht zustimmen, als dieser sagte: »Wir gehen nicht fort.«

Er dachte: Louis hat leicht reden. Der übernimmt später einmal den großen Hof seines Vaters. Da würde jeder gern bleiben. Und Remi studierte in Brest. Für den war die Zukunft auch gesichert.

Le Tocquer hatte seine Rede beendet, er kehrte hastig an seinen Tisch zurück.

»Ich habe etwas Gutes vorbereitet«, sagte Remi leise. »Aber hier können wir nicht darüber reden. Da sitzen überall Spitzel.«

Sie wußten alle drei, daß an den Nebentischen niemand saß, der sie verraten hätte. Da saßen nur Leute, die man kannte, aus Lornac selber oder aus der Umgebung. Das waren alles Bretonen wie sie. Ein Bretone verrät keinen anderen Bretonen, schon gar nicht an die Polizei. Aber es gefiel ihnen doch, als Remi seine schmale Hand flach auf den Tisch legte, als habe er die höchste Trumpfkarte auszuspielen, und noch einmal flüsterte: »Spitzel überall!«

Gaston verehrte Remi. Seine ruhige, überlegene Art gefiel ihm, und er hätte gerne gesagt – oder auch nur gedacht: Remi ist mein Freund. Aber Remi war schon 23 Jahre alt. Der Unterschied im Alter und in der Bildung war einfach zu groß. Remi war der Sohn reicher Eltern und so gut erzogen, daß man ihm die groben Ausdrücke und Flüche, die er im Umgang mit seinen Kameraden gerne brauchte, fast nicht glauben konnte. Vielleicht vor allem deshalb nicht so recht glauben konnte, weil er sie besonders betonte, als wolle er den andern gerade dadurch zeigen, daß er zu ihnen gehöre.

Nein, von Remi konnte Gaston nicht behaupten, er sei sein Freund. Sie mochten sich. So, wie man sich eben mag, wenn man aus zwei verschiedenen Welten kommt und die Wege sich zufällig kreuzen. Berührungspunkt war die bretonische Sprache, die sie beide mit Mühe lernten. Berührungspunkt war auch ihre unbestimmte Vorstellung, die Bretagne werde von Frankreich unterdrückt.

»Wir gehen einzeln weg«, sagte Remi immer noch so leise, als gehöre auch schon ihr getrenntes Weggehen zur Verschwörung. »Wir treffen uns in einer halben Stunde hinter der Kirche. Da sieht uns kein Schwanz. Ich hau' hier als erster ab. Ich muß zu Hause noch ein paar Sachen holen. Ihr wartet auf mich, ich komme bestimmt. Wenn mein Alter noch nicht im Bett liegt, muß ich ihm irgend etwas vorschwindeln. Wenn der merkt, daß ich noch mal wegfahre, will er wissen, was ich vorhabe. Also muß ich warten, bis er sich verkrochen hat.«

»Meinem Vater könnte ich alles erzählen«, sagte Gaston. »Der hätte nichts dagegen.«

»Dein Alter ist o. k.«, sagte Remi.

»Meiner auch«, sagte Louis rasch. »Bestimmt.«

»Besser ist es, wenn sie alle nichts wissen.«

Die Musik hatte jetzt auf modern umgestellt. Jazz, Rock 'n' Roll. Auf der Tanzfläche drängten sich die Paare. Sie tanzten auch ein paarmal, dann sagte Remi plötzlich so laut, daß man es an den Nebentischen hören konnte: »Ich bin verflucht müde. Ich hau' ab in die Pfanne.«

Das hatte Remi gut hingekriegt, fand Gaston. Wie immer. Dieses Gähnen zuerst, dieses Ausstrecken der Arme, und dann einfach so hingegähnt: »Ich bin verflucht müde.«

Ein paar Minuten später sagte auch Louis: »Ich bin müde.«

Aber das war viel weniger gut, dem sah man von weitem an, daß er noch nicht zu Bett ging.

»Ich komme mit dir. Allein mag ich nicht bleiben«, sagte Gaston. Der Wind war noch stärker geworden, kälter auch. Gaston setzte sich auf sein Mofa, rief »tschüß« in die Nacht hinaus und fuhr los. Bei der Bäckerei bog er rechts ab, weiter oben, beim Denkmal für die Gefallenen des Ersten Weltkrieges, noch einmal rechts. Bei der Kirche hielt er an, lehnte sein Mofa an die Kirchenmauer. Remis Wagen war natürlich noch nicht zu sehen. Auch Louis, der zu Fuß gegangen war, konnte noch nicht da sein.

Gaston sah sich um, der Platz war leer. Er schlenderte langsam um die Kirche herum, so, als wisse er nicht, was er tun sollte. Ihm war klar, daß dieses Herumschlendern bei

Wind und Kälte verdächtig aussehen mußte. Verdächtig für jeden, dem es einfallen mochte, ihn hinter geschlossenen Fensterläden und zugezogenen Vorhängen zu beobachten. Aber das tat bestimmt niemand. Lornac war ein rechtschaffenes Dorf mit rechtschaffenen Einwohnern. Wer nicht im »Armor« saß, lag im Bett. Deshalb konnte Gaston gelassen vor der Kirche auf und ab gehen, beim Rückweg jedesmal ein bißchen tiefer in den Schatten vorstoßen und schließlich ganz aus dem Schein der Straßenlaterne ins Dunkle treten und hinten bei der Kirchentür stehenbleiben.

Auf die beiden warten. Vor ihm, durch einen verrosteten Eisenzaun abgetrennt, lag der Kirchhof, und hinter dem Zaun, kaum wahrnehmbar gegen den dunkelgrauen Nachthimmel, die Umrisse der ersten Grabsteine. Die Großeltern lagen hier. Seine Mutter auch. Der Friedhof und die Toten waren ihm nicht mehr so unheimlich wie früher, weil jetzt seine Mutter hier begraben war. Vielleicht hätte er sogar den Mut aufgebracht, über den Friedhof zu gehen. Mitten in der Nacht. Vielleicht. Sicher war er nicht.

Gaston setzte sich auf die steinerne Bank. Hinter den Grabsteinen, jenseits des Dorfes, lag die dunkle weite Fläche des Ozeans. Von der Insel her glitt in kurzen Abständen der helle Strahl des Leuchtturms über das Land, über die Gräber und die Kirche. Ganz wohl war ihm doch nicht, in der Nacht hier zu sitzen, so nahe bei den Gräbern. Allmählich kroch Angst herauf. Er nahm sich vor, an Marie-Louise zu denken, an ihren Mund, an ihr Haar. Es fiel ihm leicht, sich Marie-Louise vorzustellen, wie sie aus dem Schuhgeschäft trat, wo sie arbeitete, über den Platz auf ihn zukam. Und immer erst so tat, als sehe sie ihn nicht und wolle den Bus nehmen. Und erst, wenn sie schon mitten auf dem Platz war, blickte sie erstaunt zu ihm her und kam lächelnd näher. Er wußte, sie hatte ihn schon vorher gesehen. Durch die Vorhänge, die das Schaufenster vom Ladeninneren trennten, hatte sie ihn gesehen. Er dachte gern an Marie-Louise, und er dachte, er liebe sie. Das mußte Liebe sein. Deshalb machte es ihm auch wenig aus, daß er noch keine Lehrstelle in einem andern Ort gefunden hatte, vielleicht irgendwo weit weg. Dann hätte er abends nicht heimkehren können, dann hätte er Marie-Louise nur an den Wochenenden gesehen. Vielleicht nicht mal an jedem Wochenende.

Louis tauchte auf. Ohne zu zögern, ohne sich umzusehen, marschierte er mit seinen schweren Schuhen von der Straße her hinter die Kirche. Als gäbe es nichts zu verbergen! Der hatte wirklich nicht die geringste Ahnung! Obwohl der doch fast zwei Jahre älter war, hatte der einfach keine Ahnung. Der machte bloß mit, weil man es ihm gesagt hatte, nicht aus Protest wie Remi und er. Der hatte auch keinen Grund zu protestieren. Seine Eltern besaßen viel Land. Die pflanzten Artischocken und Kohl, und weit vor dem Dorf draußen besaßen die noch eine Schweinemästerei. Natürlich klagten die Bauern: wir kriegen keinen anständigen Preis für unser Gemüse, und mit den Schweinen schlägt man kaum die Unkosten heraus, weil die Holländer und die Dänen billiger sind. Dieser Gemeinsame Markt macht uns alle kaputt, klagten die Bauern. Aber Louis' Eltern sahen auf jeden Fall nicht aus, als ob sie drauflegten. Louis auch nicht.

»Hat dich niemand gesehen?« fragte Gaston.

»Wer sollte mich gesehen haben?«

»Ich weiß nicht. Aber wenn einer dich gesehen hat, meldet er es später der Polizei. Dann hängst du im Netz.«

»Ich würde nichts zugeben. Ich würde alles glatt abstreiten.«

»Die nehmen dich auseinander, das merkst du nicht einmal. Denen bist du nicht gewachsen. – Warum machst du überhaupt mit?«

»Warum nicht?«

»Weil ihr reich seid.«

»Das hat nichts zu bedeuten. Ich bin auch Bretone, so gut wie du. Ich bin auch dagegen. Und reich sind wir nicht.

Da solltest du mal meinen Vater hören. Wir bekommen ja sozusagen nichts mehr für unser Gemüse. Mein Vater würde die Hälfte seines Landes verkaufen, wenn ihm jemand einen guten Preis zahlte. Vielleicht kauft Madec mal ein Stück und baut Einfamilienhäuser.«

»Gerade davor hat ja heute abend Le Tocquer gewarnt.«

»Von mir aus soll er doch warnen. Schließlich denkt jeder zuerst an sich.«

Sie hörten Remis Wagen halten. Sie schwiegen und warteten. Er bemerkte sie in der Dunkelheit erst, als er dicht vor ihnen stand. Er flüsterte: »Also gut – kommt!«

Sie setzten sich in seinen Wagen und fuhren los. Westwärts. Richtung Brest.

»Was tun wir?« fragte Gaston nach einer Weile.

»Ich habe alles, was wir brauchen, im Kofferraum. Rote Farbe, drei Pinsel. Ich mache jetzt erst mal einen Umweg, dann fahren wir zurück zur Post und zum Gemeindeamt und malen quer über die Fassaden ›Bretagne libre‹.«

Sie waren ein wenig enttäuscht, sie hatten mehr erwartet. Nicht nur »Bretagne libre« auf eine Mauer malen. Das gab nichts her. Keine Spannung und nichts. Sie hatten im stillen gehofft, Remi werde sagen: »Wir legen ein paar Telefonmasten um.« Nicht bloß ein bißchen pinseln.

»Ich habe gedacht, wir machen mal was Richtiges«, sagte Louis.

»Das ist was Richtiges. Morgen früh sehen das alle Leute. Das wollen wir ja, oder nicht? Bis das weggeputzt ist, vergehen drei Tage. Das kommt bestimmt in die Zeitung, sogar in Paris.«

»Vielleicht auch ins Fernsehen. Die bringen doch solche Sachen.«

2

Die jungen Männer, die sich in der Bar »Chez Jules« um Odette versammelt hatten, leerten ihre Gläser und verließen das Lokal. An einem Samstagabend hatte man noch was anderes vor, nicht bloß zwei Gläser bei Kerjean kippen, hin und wieder Odette einen Scherz zurufen. An einem Samstagabend ging man mit der Freundin ins Kino nach Portsall, man nahm den Wagen und fuhr sogar weiter weg, vielleicht bis Brest.

Eine halbe Stunde, nachdem Gaston gegangen war, saß Jules allein an seinem Tischchen. Aufrecht, zu aufrecht, weil er jetzt den Calvados spürte und weil er es sich nicht anmerken lassen wollte, daß er den Calvados spürte. Odette spülte stumm und emsig die Gläser. »Soll ich schließen?« fragte sie.

»Nein«, erwiderte Jules. »Es kommt noch dieser und jener. Vielleicht kommt Dubois. Aber du kannst heimgehen, Odette. Ich mache das schon.«

»Ich gehe, sobald ich fertig bin.«

Sie nahm den Besen, fegte Schmutz, Zigarettenstummel, Papierfetzen auf dem Boden zusammen. Jules sah ihr zu, saß unbeweglich, die ausgegangene Zigarette im Mundwinkel. »Laß das«, sagte er schließlich, »auf die paar Papierfetzen kommt es nicht an.«

»Es muß sauber sein.«

»Wieso? Ich sag' dir, darauf kommt es nicht an. Verstehst du? – Nein, das verstehst du nicht. Dazu bist du zu jung. Du bist überhaupt zu allem zu jung. Wenn man genau überlegt, kommt es nämlich auf gar nichts an.«

»Doch«, meinte Odette, »darauf kommt es an. Daß es sauber ist.«

»Das Haus verlottert ja doch langsam. Und ich mit ihm. Kommt es da auf ein paar Zigarettenstummel an? Den Laden halten wir nur noch, weil Gaston hilft. Aber das Hotel geht langsam vor die Hunde. Die Zimmer sind zwar noch einigermaßen brauchbar. Dafür sorgst du. Laß es doch zum Teufel gehen, Odette. Warum wehrst du dich dagegen? Von außen sieht das Haus jetzt schon nicht mehr wie ein Hotel aus. Eher wie eine Scheune. Warum wehrst du dich?«

»Ich wehre mich gar nicht dagegen, ich tu nur meine Pflicht.«

»Natürlich wehrst du dich, das seh' ich jeden Tag. Es ist ja nicht dein Kram.«

Sie blickte nicht einmal auf, als er sagte, das ist ja nicht dein Kram, sie zögerte nur kurz, eine Sekunde lang. Er bemerkte es, sagte rasch: »Entschuldige, Odette! Das war dumm geredet. Ich bin besoffen.«

»Sie brauchen sich doch nicht zu entschuldigen, das Hotel gehört ja tatsächlich nicht mir.«

»Aber vielleicht gehört es dir einmal. Ich möchte nichts lieber, als daß es dir einmal gehört und daß es dann ein gutes Hotel ist.«

Sie sagte mit abgewandtem Gesicht: »Ich verstehe nicht, was Sie meinen.«

»Doch, natürlich verstehst du. Meinst du, ich merke nicht, daß du immer noch auf Yves wartest? Du willst es bloß nicht zugeben. Du hast recht, ich würde es auch nicht tun. Ich warte nämlich auch, daß er zurückkommt, und ich warte darauf genauso ungeduldig wie du. Jeden Tag sage ich mir zehnmal, von mir aus kann er zum Teufel gehen, den brauche ich nicht. – Aber wir brauchen ihn beide, du und ich.«

Er stand auf, ging mit seinem Glas zur Theke, füllte es, setzte sich wieder an seinen Tisch, zündete eine neue Zigarette an. Ich hätte nicht von Yves reden sollen, nicht mit ihr, dachte er. Und wie meistens, wenn er sich im Unrecht fühlte, fing er auch jetzt an zu schimpfen: »Herrgott noch mal, mach, daß du wegkommst! Ich brauche dich hier nicht mehr. Ich bin ja nicht invalid, wenn auch mein Knie kaputt ist. Deswegen bin ich noch kein Krüppel. Also geh und laß mich endlich allein. Du hast anderes zu tun, als hier den Boden sauberzumachen.«

»Nein«, erwiderte sie und ließ sich in ihrer Arbeit nicht stören. An dieses Schimpfen, das gar kein Schimpfen war, hatte sie sich längst gewöhnt. »Nein, ich habe nichts anderes zu tun. Außerdem bin ich gleich fertig. Dann geh' ich, dann sind Sie mich los.«

Er leerte sein Glas wieder in einem Zug. »Red keinen Unsinn«, sagte er, »du weißt, ich bin froh, dich zu haben. Allein würden wir es nicht schaffen, Gaston und ich. Und wer weiß, wie lange er noch hierbleibt. Sobald er eine Lehrstelle findet, geht er. Ich hoffe für ihn, daß das bald sein wird. Dann bin ich allein. Die Bar und den Laden, das könnte ich zur Not noch. Aber das Hotel, das schaff' ich nicht allein. Auch dann nicht, wenn ich keine Mahlzeiten serviere. Zum Bettenmachen eigne ich mich nicht. – Übrigens, das weißt du noch nicht: ich habe bereits ein paar Anmeldungen für den Sommer.«

»Tatsächlich? Das ist gut, so früh melden sich die Leute sonst nicht an.«

»Dieses Jahr geht es besser, das spüre ich. Jetzt schon ein halbes Dutzend Anmeldungen für den Juli.«

Sie war mit ihrer Arbeit fertig, sie stand mitten im Raum, lächelte. Und er lächelte zurück, ein wenig schüchtern, ein wenig verloren. »Weißt du, was heute für ein Tag ist?« fragte er.

»Ja, ich weiß.«

»Gaston hat es vergessen. Dem hab' ich es erst sagen müssen. Der Sohn vergißt den Todestag seiner Mutter. So etwas! – Anne hat angerufen, sie hat wenigstens daran gedacht.«

Als er sagte, Anne habe angerufen, wandte Odette sich rasch ab. Leise fragte sie: »Hat sie sonst noch etwas gesagt?«

»Wegen Yves? – Nein, nichts. Nur, daß es ihm gutgeht. Was man eben so sagt, wenn man nichts zu sagen hat.«

»Dann geh' ich jetzt«, sagte Odette.

»Schenk mir noch ein Glas ein. Oder habe ich schon zuviel getrunken?«

Sie lächelte wieder. »Eigentlich schon. Aber heute ist ja ein besonderer Tag.«

»Ja, ein besonderer Tag.«

Dubois kam zur Türe herein. »Salut«, sagte er, setzte sich zu Jules an den Tisch, blickte auf sein Glas, sagte dann, ohne sich nach Odette umzuwenden: »Mir auch einen Calvados.«

»Hol ihn dir selber«, sagte Jules. »Odette hat Feierabend.«

»Adieu«, sagte Odette und ging hinaus.

»Eine Sauwirtschaft ist das«, sagte Dubois, »wo man sich selber bedienen muß.«

Er ging hinter die Theke, schenkte sich ein, setzte sich wieder. »Da wundert es einen nicht, daß du immer weniger Gäste hast. Bei so einer Bedienung.«

»Du bist kein Gast. Kein richtiger Gast.«

»Und wieso nicht?«

»Weil ein richtiger Gast das, was er trinkt, auch zahlt.«

»Zahle ich etwa nicht?«

»Heute nicht. Heute lade ich dich ein. Weil ich heute so in Stimmung bin. Heute vor zwei Jahren ist nämlich Bernadette gestorben.«

»Was? Schon zwei Jahre?«

Dubois legte den Tabakbeutel vor sich auf den Tisch, rollte mit gekrümmten braunen Fingern eine Zigarette. Draußen war der Wind heftiger geworden. Er rüttelte an Tür und Fenstern. Hinten im Raum flackerte ein kleines Feuer im Kamin, das die Gaststube wärmte.

»Wahrscheinlich gibt es Schnee«, meinte Jules. »In meinem Knie ist die Hölle los.«

Er ging zum Feuer hinüber, legte ein Scheit auf, setzte sich wieder, sagte nach einer langen Pause: »Kaum zu glauben, daß zwei Jahre vergangen sind, seit Bernadette jeden Samstagabend vor dem Kamin stand und Steaks grillte. Der Geruch liegt mir noch in der Nase. Der Raum bis auf den letzten Platz besetzt. Und heute kommt kein Mensch mehr.«

»Bin ich denn niemand?«

»Du bist mein Freund. Aber du kommst eben aus Mitleid.«

»So? – Ich komme aus Mitleid? – Du meinst also, mit dir muß man Mitleid haben? Ich möchte bloß wissen, warum. – Wie lange kennen wir uns eigentlich?«

»Wie lange? Schon immer. Seit wir laufen können.«

»Eben! Ein Leben lang sind wir Freunde. Und dann redest du auf einmal solchen Mist. – Du mit deinem Stolz. Zu behaupten, ich komme aus Mitleid. Etwas Dümmeres fällt dir wohl nicht ein.«

»Ich weiß«, sagte Kerjean, »daß ich oft saudumm rede. Aber manchmal ist es verdammt schwer. – Die Einsamkeit. Da kommen einem solche Gedanken. – Diese langen Abende – die Nächte ohne Schlaf. Mitansehen, wie das hier zum Teufel geht. Alles, was ich zusammen mit Bernadette in Jahrzehnten aufgebaut habe. Das ist nicht leicht, darfst es mir glauben.«

»Es geht bloß zum Teufel, weil du es zum Teufel gehen läßt. Weil du nichts tust.«

»Ich mag nicht. Mir fehlt die Kraft. Ich sehe auch keinen Sinn darin. – Für wen soll ich mich abrackern? – Für Gaston? Den interessiert das nicht. Der bleibt sowieso nicht mehr lange.«

»Du hast immer noch Yves. Der ist vom Fach. Der kann später das Hotel führen.«

»Yves kommt nicht zurück. Der zuletzt. Der hat in Paris eine gute Stelle. Kochen kann er, das ist wahr. Das hat er von Bernadette gelernt. Im stillen hofft er immer noch, Armand werde ihn einmal am Geschäft beteiligen. Ich habe ihn gewarnt, ich habe ihm gesagt: nie wird Armand das tun. So ein filziger Schleicher! Der nützt dich bloß für seine Zwecke aus. Genau wie er Anne ausnützt, habe ich gesagt. Die hat ja keine freie Minute mehr, seit sie verheiratet sind. Außer an Weihnachten. Sonst bloß mal hin und wieder ein Anruf. Wenn der Herr nicht zu Hause ist. Wenn er daheim ist, wagt sie nicht mal den Anruf.«

Sie schwiegen, sie saßen nebeneinander am Tisch, blickten auf ihre Gläser. Dubois drehte sich noch eine Zigarette.

»Ich bin froh«, sagte Dubois schließlich, »daß ich keine Kinder habe. Früher habe ich immer gedacht, ohne Kinder sei ein Leben nur ein halbes Leben. Ohne Kinder sei eine Familie gar keine richtige Familie. Bloß so ein Verein. Mit einem Präsidenten, das ist die Frau. Und einem Kassierer, das ist der Mann. Aber je älter ich werde, desto mehr bin ich davon überzeugt, daß es gut ist, keine Kinder zu haben. Was ist denn das für eine Welt, für eine Zeit! Was hinterlassen wir denn den Kindern: Autobahnen, Betonbauten mit Flachdächern, Atomkraftwerke und ein versautes Meer, in dem es bald kein Leben mehr gibt. Ich frage mich oft: Was haben wir falsch gemacht? Warum ist die Welt versaut?«

»Alles haben wir falsch gemacht«, erwiderte Jules. »Sozusagen alles.«

Die Windböen schüttelten die Tür. Und lauter als der Wind schlugen die sturmgepeitschten Wellen an die nahen Felsen. Vertraute Geräusche für die beiden Männer, vertraut seit früher Kindheit. Sie blickten auf ihre leeren Gläser nieder, rauchten ihre Zigaretten. Im Kamin bedeckte weiße Asche die Glut. Unvermittelt sagte Dubois: »Schon bald ein Uhr. Es ist Zeit, ich geh' schlafen.«

»Gute Nacht«, sagte Jules, ohne aufzublicken. »Ich geh' noch nicht zu Bett. Bei diesem Sturm kann ich sowieso nicht schlafen.«

»Es ist nicht der Sturm, der dich am Schlafen hindert, es sind deine Gedanken.«

»Geh zum Teufel«, sagte Jules. »Und wenn du nicht zum Teufel gehen magst, dann bleib noch ein wenig hier. Wenigstens so lange, bis Gaston zurück ist. Trink noch einen letzten Calvados mit mir.«

Er ging zur Theke hinüber, schleppte das linke Bein ein bißchen nach. Er füllte beide Gläser: »Hoffentlich kommt der Junge bald. Man weiß nie, was die treiben«, sagte er.

In diesem Augenblick hörten sie über Wind und Grollen des Ozeans das Motorrad vor dem Haus. »Da ist er endlich«, sagte Jules. »Jetzt kannst du gehen.«

»Ich gehe, wann ich will. Nicht, wenn du es mir vorschreibst.«

Gaston kam herein, schloß die Tür hinter sich, lehnte sich dagegen. Er sah bleich und verstört aus, sein Atem ging schnell. Ein paar Sekunden blieb er so stehen, sagte dann: »Ach, du bist noch nicht im Bett?«

Sonst nichts. Kein Wort zu Dubois. Die Hände hielt er mit gespreizten Fingern weit von sich. Seine Hände waren rot, verschmiert.

»Was ist das?« fragte der Vater. »Ein Unfall? Du bist ja voll Blut.«

Gaston schüttelte den Kopf. Er war immer noch außer Atem. »Das ist kein Blut«, sagte er schließlich. »Rote Farbe.«

Rote Farbe! Dann wußte man, was geschehen war. Da brauchte man nicht erst zu fragen. Da hatten die also wieder mal irgendwo ein Gebäude verschmiert. Da hatten die irgendwo an eine Kirchenmauer, an ein Bürgermeisteramt geschrieben »Bretagne libre – freie Bretagne«.

Was immer die sich darunter vorstellen mochten!

»Wieso bist du voll Farbe?«

»Zuerst sind wir nach Portsall gefahren und haben etwas an die Kirchenmauer geschrieben.«

»Etwas! Das weiß doch jeder, was ihr hingeschrieben habt! Als ob das etwas nützen würde. Gibt höchstens Scherereien. – Und dann?«

»Dann sind wir nach Lornac zurückgefahren.«

»Wer – wir?«

»Remi Bourdon und Louis Varin.«

»Ist das der Junge vom Landwirt?« fragte Dubois.

»Ja, der.«

»Der hat es ja nötig zu protestieren. Der gehört mit seiner Schweinemästerei zu den Reichsten im Dorf.«

»Es geht doch nicht um Geld«, sagte Gaston schnell. »Es geht um ...« Er vollendete den Satz nicht. Er konnte nicht sagen: Es geht um die Freiheit der Bretagne. Er wußte, dann würde sein Vater fragen: Was stellst du dir darunter vor? Und darauf würde er nicht antworten können, weil man sich tatsächlich nichts Richtiges vorstellen konnte. Es war aber auch gar nicht nötig, sich etwas vorzustellen. Nur, daß man es hingeschrieben hatte, das zählte.

»Und weiter?« fragte der Vater.

»Am Gemeindeamt auch. Aber da sind plötzlich zwei aufgetaucht. Woher sie kamen, weiß ich nicht. Zwei Polizisten. Ich glaube, der eine war Morvannou, aber sicher bin ich nicht. Wir sind sofort weggelaufen. Ich bin über unsern Farbkübel gestolpert. Darum bin ich verschmiert. Es ist Ölfarbe.«

»Haben sie einen von euch erwischt?«

»Ich glaube nicht. Ich konnte mich mit dem Mofa verdrücken. Vielleicht haben sie Louis erwischt, weil der zu Fuß war. Oder sie konnten die Nummer von Remis Auto lesen.«

»Sicher konnten sie das.«

»Aber Remi und Louis verraten nichts. Wir haben abgemacht, daß keiner etwas verrät.«

»Jetzt kommt auch noch das auf mich zu«, sagte Jules. »Schwierigkeiten mit den Behörden. Hat mir gerade noch gefehlt.«

»Ich sag' ja, mich haben sie nicht erkannt. Und die beiden andern verraten mich nicht.«

»Hast du eine Ahnung! Wenn die wollen, kriegen die bald heraus, wer dabei war. Wenn sie die beiden in die Zange nehmen, verstricken die sich in Widersprüche, und schon nach einer Stunde sind sie froh, wenn sie alles gestehen dürfen. Aber jetzt wasch dich erst mal. Was mit deiner Hose geschehen soll, weiß ich nicht. Da fragst du morgen am besten Odette. Vielleicht muß man sie wegwerfen. Auf jeden Fall mußt du die Hände mit Benzin saubermachen, damit sie keine Farbe darauf entdecken, wenn sie kommen.«

Gaston stand immer noch unbeweglich da. Er war ziemlich groß für sein Alter und schlank. In seiner Unbeholfenheit und mit der Angst in den Augen wirkte er noch jünger. Er sah fast aus wie ein Junge, der mit seinem Ball eine Scheibe eingeschlagen hat und nun seine Strafe erwartet. Aber sein Vater dachte nicht an Strafe. Er sagte noch einmal: »Geh jetzt! Wasch dich! Heute nacht kommen sie bestimmt nicht. Morgen sehen wir weiter.«

Erst jetzt bewegte sich Gaston. Er wagte ein kleines Lächeln, sagte: »Ich mache die Hände schon sauber. Die entdecken nichts.« Er ging hinaus. Jules blickte ihm nach.

Als Gaston die Türe geschlossen hatte, sagte er: »Kinder! Reine Kinder! Da siehst du es, was man mit seinen Kindern für Sorgen hat.«

»Mauern verschmieren«, sagte Dubois. »Was denen alles einfällt. Fast Terrorismus. Das würde ich meinem Sohn aber gründlich austreiben. Darauf kannst du dich verlassen.«

»Klar würdest du das! Und wie! Nur hast du eben keinen Sohn, und das ist dein Glück. Wie kannst du bloß von Terrorismus reden, wenn Kinder ein Gebäude verschmieren.«

»Es ist gefährlich. Wenn sie Gaston erwischen – was dann?«

»Ich weiß nicht. Vermutlich eine Verwarnung. Oder Buße.«

»Vielleicht Gefängnis«, sagte Dubois.

»Nein. Nicht wegen so eines dummen Streiches.«

»Kann man nicht wissen. Das hast du jetzt davon, daß du ihm immer alles hast durchgehen lassen. Schon oft habe ich dir gesagt: du bist zu weich. Ein bißchen Strenge schadet einem Jungen nicht, im Gegenteil.«

Jules antwortete nicht. Er war auf einmal sehr müde. Er mochte nicht mehr reden, darüber schon gar nicht.

»Warum sagst du nichts?« fragte Dubois.

»Ich überlege mir, ob es einen Sinn hat, mit dir darüber zu reden. Ob du das überhaupt verstehen kannst. Weil du eben keine Kinder hast.«

»Versuch es doch. Wer weiß, vielleicht bin ich gar nicht so dumm.«

»Vielleicht«, erwiderte Jules. »Früher habe ich genauso geredet wie du. Aber langsam habe ich gelernt, daß Kindererziehen etwas vom Schwierigsten ist, was es gibt. Das hat Bernadette mir beigebracht. Alles, was du tust oder sagst, hat nämlich zwei Seiten. Wenn du streng bist, hättest du vielleicht besser nachgeben sollen. Natürlich kann man ein Kind dressieren, das ist keine Kunst. Jeden Hund kann man dressieren. Aber wenn du aus deinem Kind einen verantwortungsvollen, freien Menschen machen willst, nicht einen Duckmäuser und Heuchler, dann mußt du ganz behutsam vorgehen. Manchmal denke ich, das einzige, was die Eltern den Kindern geben können – das einzige, was wirklich zählt –, ist Liebe und Verständnis. Schau doch mal Odette an. Ihr Vater ist Lehrer. Es heißt, er ist ein guter Lehrer. Der sollte etwas von Kindern verstehen. Zudem geht er jeden Sonntag in die Kirche. Der beste Vater, der beste Christ der Welt. Bei dem zu Hause herrscht eine vorbildliche Ordnung, kann ich dir sagen. Odette sagt höflich: ›Ja, Papa‹ und ›nein, Papa.‹ Da klappt alles. Aber sobald sie kann, verschwindet sie von zu Hause und kommt hierher. Warum? Weil sie sich hier freier fühlt. Weil sie sich hier so geben darf, wie sie ist. Sogar schlecht gelaunt darf sie sein. Kinder sind keine Automaten, wo man oben einen Befehl einwirft, dann wird er ausgeführt.«

3

Jules Kerjeans Haus mit der Bar links im Erdgeschoß und dem Laden rechts daneben steht ungefähr 200 Meter vom westlichen Dorfrand von Lornac entfernt, am Rande einer flachen Sandbucht, die von steil abfallenden, etwa 30 Meter hohen Felsen begrenzt wird.

Jules Kerjean war wie jeden Sonntag früh auf den Beinen. Als erstes setzte er die Kaffeemaschine in Betrieb, ging dann zurück ins Badezimmer, öffnete den Wasserhahn, hielt seinen Kopf mit den kurzgeschnittenen, angegrauten Haaren unter den Strahl. Das eisige Wasser weckte ihn vollends. Er trocknete sich ab, zog den weiten schwarzen Rollkragenpullover über, prüfte im Vorbeigehen noch mal, ob die Kaffeemaschine auch richtig angestellt war. Dann zündete er die erste Zigarette an und trat vors Haus.

Der Wind hatte sich gelegt, aber das Meer war, so weit man sehen konnte, mit weißen Schaumkronen bedeckt, und das Grollen der Brandung war immer noch stärker als gewöhnlich. Kerjean stand eine Weile unbeweglich vor der Tür, die Zigarette im Mundwinkel, die Hände in den Taschen seiner Manchesterhose, die Füße in bequemen Pantoffeln. Jeden Morgen stand er ein paar Minuten so vor der Tür des Hauses, blickte aufs Meer hinaus, das ihm von frühester Kindheit an vertraut war. Ohne das Meer, dachte er oft, würde er nicht leben können. Nicht leben wollen.

Das waren die besten Augenblicke des Tages. Diese stillen Minuten morgens vor dem Haus. Er sah das Meer und sah es doch nicht, er hörte die Brandung und hörte sie doch nicht. Es war alles in ihm: das Meer, die Brandung, der weite bretonische Himmel.

Die Zigarette war ausgegangen. Er spuckte sie aus, ging zurück in die Bar, füllte eine Tasse mit Kaffee, trat langsam ans Fenster und trank den Kaffee in kleinen Schlucken.

Er war nun ganz wach und dachte an den gestrigen Abend, an die Unterredung mit Dubois. Auch daran, daß er zuviel getrunken hatte. Es kam selten vor, daß er zuviel trank. Drei- oder viermal im Jahr, bei außerordentlichen Gelegenheiten. Gestern war so eine außerordentliche Gelegenheit gewesen. Bernadettes Todestag. Der Tag, der sein Leben gründlich umgekrempelt hatte. Sein Leben und sein Denken.

Es war durchaus nicht so, daß er immer an seine Frau dachte. Tagsüber gar nicht, da gab es genug zu tun, zu reden. Nachts freilich, wenn er sich in das breite Bett legte, in dem sie vierundzwanzig Jahre lang zusammen geschlafen hatten, nachts fehlte sie ihm. Anfangs hatte er versucht, sich in die Mitte des Bettes zu legen, aber die Matratze hatte sich im Lauf der Jahre gewölbt. Er war dann im Schlaf doch immer wieder auf seine Seite gerollt. Oft streckte er im Schlaf den Arm aus, und dann erwachte er, weil er Bernadette nicht neben sich spürte. Und an Schlafen war nicht mehr zu denken.

Ich lasse das Haus langsam verlottern, dachte er. Dubois hat recht. Es gäbe vieles auszubessern, vieles, was ich selber tun könnte. Aber ich mag nicht. Das kann wohl niemand begreifen, ich am wenigsten. Soll es doch verlottern. Wenn ich tot bin, kommt von meinen drei Kindern doch keines hierher zurück. Die verkaufen den ganzen Krempel und verteilen das Geld unter sich, die paar Francs, die sie dafür kriegen.

Jules setzte sich an ein Tischchen, legte die Füße auf einen Stuhl und begann, in der Zeitung vom Vortag zu blättern.

Odette kam gegen zehn Uhr. Er sah sie in ihrer weiten, bunt karierten Jacke erst, kurz bevor sie die Tür öffnete. Vorsichtig trug sie die frischen Hörnchen, die sie jeden Sonntag beim Bäcker holte. Am Sonntag frühstückte sie zusammen mit Jules und Gaston. Es war für alle drei ein kleines Fest, dieses gemeinsame Frühstück. Aber sie hüteten sich, sich das gegenseitig einzugestehen.

»Guten Tag, Monsieur Kerjean!« rief sie fröhlich.

Jules nickte, war auf einmal froh, daß er nicht mehr

allein war, sagte kurz und fast mürrisch: »Guten Tag, Odette.«

Er stand auf, füllte ihre Tasse mit Kaffee, während sie die Jacke auszog und hinten an einen Haken hängte.

»Setz dich«, sagte er.

Sie setzte sich zu ihm, öffnete mit spitzen Fingern die Bäckertüte, breitete die Hörnchen eines neben dem anderen aus, nickte ihm aufmunternd zu. Er nahm eines, weniger weil er Hunger hatte, sondern um ihrer Aufforderung nachzukommen. Sie aßen schweigend. Fast jeden Sonntag aßen sie schweigend. Hin und wieder stellte Jules eine kurze Frage, Odette antwortete mit Ja oder Nein.

Ein wenig später kam Gaston herunter, nur in Hose und Hemd. »Ich habe schlecht geschlafen«, sagte er, »ich brauch' einen Kaffee.«

»Wasch dich zuerst«, sagte Jules.

Gaston ging ins Badezimmer, öffnete den Wasserhahn, kehrte nach ein paar Sekunden zurück und setzte sich zu ihnen an den Tisch.

»Hast du dich gewaschen?« fragte Jules.

»Klar. Hast du es nicht gehört?«

»Wie die sich heute waschen!« sagte Jules.

Odette lachte. Gaston trank erst mal einen Kaffee, biß in sein Hörnchen, sagte mit vollem Mund: »Kannst du dir vorstellen, warum ich schlecht geschlafen habe?«

Jules nickte. »Erzähl es Odette! Du mußt auch die Hose zeigen.«

Gaston berichtete. Als er fertig war, fragte Odette: »Wo ist die Hose?«

Er holte sie. Odette schüttelte den Kopf. »Es hat keinen Sinn, sie zu waschen. Das geht nicht mehr weg. Ölfarbe. Und es lohnt sich nicht, Jeans chemisch reinigen zu lassen. Die kann man wegschmeißen.«

»Ich möchte wissen, ob die Polizisten mich erkannt haben«, sagte Gaston.

»Das wirst du bald erfahren«, erwiderte der Vater.

Tatsächlich erfuhren sie es eine Stunde später. Odette sah als erste den Polizisten auf das Haus zukommen.

»Es ist Morvannou«, sagte Jules. »Mit dem werde ich fertig. Gaston, du gehst jetzt hinauf und rührst dich nicht, bis ich dich rufe.«

Der Polizist trug Zivil. Er war verlegen, als er eintrat, sagte bloß: »Guten Tag.«

»Salut«, sagte Jules, der seine Beine wieder auf einen Stuhl gelegt hatte.

»Setz dich zu mir! Was willst du trinken? Einen Calvados?«

»Eigentlich nicht«, erwiderte der Polizist, »weil ich im Dienst bin. Und es ist ja noch ziemlich früh.«

»Ach so, du bist im Dienst. Bring ihm trotzdem einen Calvados, Odette. Warum trägst du denn keine Uniform, wenn du im Dienst bist?«

»Ich habe gedacht, ich komme in Zivil, das fällt an einem Sonntag weniger auf.«

»Da hast du recht«, sagte Jules. »Das fällt natürlich weniger auf. Was willst du bei mir?«

Sie stießen an, dann sagte Morvannou: »Du weißt es. Das ist nämlich eine dumme Geschichte.«

»Was weiß ich?«

»Komm! Mach mir nichts vor, Jules. Gaston hat gestern nacht mit zwei Komplizen das Gemeindeamt verschmiert. Mit roter Ölfarbe. Der ganze Platz ist voll Farbe. Weil einer von ihnen den Farbkübel umgestoßen hat, als ich mit meinem Kollegen anrückte. Das gibt eine teure Sache. Dazu kommt noch die strafbare Handlung.«

»Welche strafbare Handlung?«

»Daß sie ›Bretagne libre‹ an Häuser gemalt haben.«

»Freie Bretagne – ist das verboten?« fragte Jules.

»Klar ist es verboten, das ans Gemeindeamt zu schreiben. Wenn jeder dort hinschreiben wollte, was er gerade denkt, wo käme man da hin! Ich muß jetzt mit Gaston reden. Wo ist er?«

»Ich weiß nicht.«

»Ist er denn nicht hier?«

»Hier? Ich seh' ihn jedenfalls nicht. Siehst du ihn vielleicht?«

»Mach keine dummen Witze, Jules. Die Sache ist ernst. Ist Gaston im Haus?«

»Du kannst ja selber nachsehen.«

»Ich will nicht nachsehen. Mir genügt, wenn du sagst, er ist nicht da.«

»Und ich sag' dir: schau selber nach.«

Morvannou stand auf, leerte sein Glas, sagte noch einmal: »Die Sache ist ernst. Morgen vormittag komme ich wieder. Gaston muß hier sein, wenn wir kommen. Sonst gibt es Schwierigkeiten.«

»Wer ist ›wir‹?«

»Die Präfektur schickt einen Kriminalbeamten. Die machen jetzt Jagd auf die sogenannten ›Autonomisten‹, seit der Fernsehturm bei Rennes in die Luft gesprengt worden ist.«

»Du nimmst doch nicht an, daß Gaston einen Fernsehturm in die Luft sprengen würde. Selbst wenn er wüßte, wie.«

»Natürlich nicht. Aber es hängt alles zusammen.«

»Was hängt zusammen?«

»Daß sie zum Beispiel Häuser verschmieren.«

»Das ist doch nicht dasselbe, das weißt du genau. Du bist auch Bretone, obschon du es manchmal zu vergessen scheinst. Du verstehst schon, was die meinen, wenn sie ›freie Bretagne‹ irgendwohin malen.«

Als Morvannou gegangen war, fragte Odette: »Wird es schlimm für Gaston?«

»Gar zu schlimm wohl auch wieder nicht«, erwiderte Kerjean. Gaston kam zurück. »Ich habe alles gehört.«

»Dann weißt du, woran du bist.«

»Die erwischen mich nicht. Ich hau' ab. Heute noch.«

»Setz dich erst mal«, sagte Jules. »Und das mit dem Abhauen schlag dir gleich aus dem Kopf. Wo würdest du dich denn verstecken? Die finden dich nämlich überall.

Vorläufig können die noch gar nichts beweisen, wenn deine Freunde nicht geplaudert haben. Aber wenn du verschwindest, machst du dich verdächtig.«

»Und wenn sie mich nun verhaften?«

»Selbst dann. Für den Rest deines Lebens wird es ja nicht sein. Du hast nun mal eine Dummheit gemacht...«

»Das war keine Dummheit.«

»Wenn es keine Dummheit war, darfst du dich noch weniger verstecken. Dann mußt du erst recht dazu stehen.«

»Was soll ich denn machen, wenn sie mich fragen? Alles zugeben? Oder abstreiten?«

»Du mußt dich zurückhalten. Nicht gerade lügen, das nicht. Aber auch nicht voreilig etwas zugeben. Die sollen ihre Karten erst mal auf den Tisch legen. Schließlich müssen sie dir ja beweisen, daß du dabeigewesen bist, nicht umgekehrt.«

»Vielleicht kommen sie gar nicht mehr«, sagte Odette. »Vielleicht war das bloß eine Drohung von Morvannou.«

»Die kommen bestimmt«, meinte Jules.

Sie kamen tatsächlich. Am späten Vormittag. Morvannou in Uniform und einer in Zivil: lang, dünn, griesgrämig, mit den Augen eines abgehetzten Jagdhundes. Fast fünfzigjährig. Er trug einen dunkelblauen Mantel, einen dunkelblauen Filzhut. Odette stand hinter der Theke, als sie eintraten, Jules saß an seinem gewohnten Platz vor dem Kasten mit den Zigaretten.

»Guten Tag«, rief Morvannou, aber seine Stimme klang nicht freundlich. Der in Zivil berührte mit dem Zeigefinger den Hutrand, sagte aber nichts. An der Theke standen zwei Lastwagenfahrer hinter ihrem Glas Weißwein. Als die beiden eintraten, rückten sie zur Seite. Aber die Polizisten gingen nicht an die Theke, sie blieben mitten im Lokal stehen, der Lange dicht hinter Morvannou, den er um fast einen Kopf überragte.

Zuerst hatte Jules ihnen etwas zu trinken anbieten wollen. Aber als er den Kriminalbeamten sah, wußte er, dem brauchte er nichts anzubieten. Der würde ablehnen. Der wollte bloß so rasch wie möglich seine Aufgabe erledigen, zurück in sein enges Büro, mit zwei Fingern den Rapport tippen. Den Rapport an irgendeinen Vorgesetzten, den er um seinen Posten beneidete. Und wenn der Rapport getippt war, wollte der bloß wieder weg. Irgendwohin auf die Suche nach einem andern Übeltäter. Dann wieder Rapport und wieder zurück. Endlos. Bis zu seiner Pensionierung. Darauf aber mußte der noch mindestens zehn Jahre warten.

»Geht nur hinauf«, sagte Jules, »du kennst den Weg. Gaston ist oben. Ich komme nach.«

Morvannou ging voraus, der andere folgte mit gesenktem Kopf. Eine Weile war es still in der Bar. Die beiden Fahrer hatten ihr Gespräch unterbrochen, blickten zu Jules. Odette setzte ein unbekümmertes Gesicht auf und sagte: »Der sieht komisch aus, der in Zivil.«

Die Fahrer stimmten zu. Der kann kaum bis drei zählen. Wenn bei der Polizei keine besseren Leute arbeiten, darf es einen nicht wundern, daß die kein Verbrechen aufdecken!

Jules sagte nichts. Er dachte, der ist gefährlich, dem sieht man an, daß er gefährlich ist. Mit Morvannou könnte ich leicht fertig werden, aber mit dem nicht. Er ging ohne ein Wort hinaus, und als er die Türe geschlossen hatte, hörte er sie oben reden: Morvannou und dazwischen die hastige, unsichere Stimme Gastons. Jules trat absichtlich laut auf, als er die Treppe hinaufstieg. Sie sollten ihn kommen hören, sie sollten nicht denken, er habe vor der Tür gelauscht. Er trat in die Stube, die drei saßen am runden Tisch.

Die hintere Stube wurde kaum mehr benutzt – nur wenn sie Besuch hatten, was selten genug vorkam. Früher, als Bernadette noch lebte, hatten sie die freien Abende hier verbracht. Gemütlich war es hier drin gewesen. Gaston hatte den kleinen elektrischen Ofen eingeschaltet, aber es würde noch eine Viertelstunde dauern, bis es im Raum wärmer wurde. Es roch nach staubigen Möbeln, nach ungelüftetem Zimmer. Jules nahm einen Stuhl und setzte sich stumm zu den andern an den Tisch. Morvannou hatte vor sich ein Notizbuch und einen Kugelschreiber. Er wandte sich an Jules: »Das hier ist Monsieur Duval von der Kriminalpolizei.«

Sie gaben sich kurz die Hand, Duval erhob sich dazu halb von seinem Stuhl. Er hatte den Mantel nicht ausgezogen.

Morvannou nahm den Kugelschreiber, klopfte damit auf den Tisch, sagte in amtlichem Ton: »Wir haben bereits mit dem Verhör begonnen. Wir haben die Personalien festgestellt.«

»Gut«, sagte Jules, »dann weißt du jetzt, daß er Gaston Kerjean heißt. Hat dich das überrascht?«

»Es muß eben alles seine Ordnung haben.«

Jules hatte angenommen, der andere werde die Fragen stellen, aber der dachte offenbar gar nicht daran.

»Also noch einmal«, begann Morvannou, »wo warst du am letzten Samstagabend?«

»Ich habe es schon gesagt: im ›Armor‹.«

»Willst du es nicht aufschreiben?« fragte Jules. »Sonst vergißt du es.«

Morvannou beachtete den Spott nicht, aber Duval warf Jules einen kurzen Blick zu.

»Wann bist du im ›Armor‹ weggegangen?«

Gaston blickte seinen Vater an. Er wußte nicht, war das nun eine gefährliche Frage oder durfte er ohne Bedenken die Wahrheit sagen. »So red schon«, sagte Jules. »Du wirst doch wissen, wann du weggegangen bist.«

»Ungefähr um Mitternacht.«

»Allein?«

Gaston zögerte wieder. »Ja, allein.«

»Nein«, sagte Duval, ohne den Kopf zu heben und ohne jede Betonung in der Stimme. Einfach nur »nein«, so, als handle es sich um eine ganz selbstverständliche Feststellung.

»Wir haben nämlich Beweise, daß du nicht allein weggegangen bist«, sagte Morvannou.

»Mit wem bist du denn weggegangen?« fragte Jules.
»Mit Louis Varin«, erwiderte Gaston.

»Und der junge Bourdon, war der nicht auch dabei?«

»Nein. Remi ist früher weggegangen.«

»Bist du vom ›Armor‹ direkt nach Hause gegangen?« fragte Morvannou. »Zu Fuß?«

»Nein, mit dem Mofa.«

»Mit deinem Mofa?«

»Klar.«

Jules zündete sich eine Zigarette an. »Frag doch nicht so blöd«, sagte er. »Schleich nicht wie die Katze um den heißen Brei.«

»Ich frage, wie ich will. Du mußt mir nicht beibringen, wie man eine Untersuchung führt. Da geht man methodisch vor. Das nennen wir Ermittlung von Tatbeständen.«

Duval hob wieder den Kopf und fragte mit müder, lässiger Stimme, als ob ihn die Antwort nicht im geringsten interessierte: »Wir möchten wissen, was du am Samstagabend oder besser gesagt: in der Nacht getrieben hast. So zwischen elf und zwei Uhr.«

»In der Nacht? ... Wieso? ... Ich ...«

Gaston war verlegen geworden, er wußte nicht mehr, was er antworten sollte.

»So sag doch etwas«, ermunterte ihn der Vater, und Gaston, der ihm einen erstaunten Blick zuwarf, begriff, daß der Vater meinte, er solle irgend etwas erzählen. Bloß nicht die Wahrheit. Er erinnerte sich, daß der Vater gesagt hatte: die müssen es dir beweisen, nicht umgekehrt.

»Nachher bin ich eben nach Hause gegangen.«

»Wann – nachher?« fragte Morvannou. »Gleich nachdem der Abend im ›Armor‹ zu Ende war?«

»Ja – klar.«

Duval, immer noch müde und uninteressiert, sagte: »Es ist wohl besser, und es geht auch schneller, wenn ich dir erzähle, daß Louis Varin und Remi Bourdon bereits vernommen wurden. Beide haben gestanden und ausgesagt, daß du dabei warst. Es handelt sich also bloß darum, daß du ihre Aussagen bestätigst. Was ihr getan habt, wissen wir bereits.«

»Was haben wir denn getan?« fragte Gaston.

»Ihr habt das Gemeindeamt mit euren dummen Sprüchen verschmiert«, sagte Morvannou. »Das gibst du am besten zu. In Portsall seid ihr auch gewesen.«

Gaston sah ein, es hatte keinen Sinn zu leugnen. Nicht, wenn die beiden Kameraden bereits gestanden hatten. – Falls die wirklich gestanden hatten. Schließlich kannte man die Methoden der Polizei vom Fernsehen her. Die spielten einen gegen den andern aus. Aber Louis war es zuzutrauen, daß er geredet hatte. Sie hätten ihn nicht mitnehmen sollen. Remi hatte bestimmt nichts gesagt. Der war Morvannou gewachsen. Und sicher auch diesem verschlafenen Duval.

»Ich gebe nichts zu«, sagte Gaston. »Ihr müßt es mir beweisen. Es ist nicht wahr.«

»Was ist nicht wahr?« fragte Duval leise.

»Daß ich das Gemeindehaus mit roter Farbe verschmiert habe.«

»Wer redet denn von ›roter‹ Farbe? – Woher weißt du, daß es rote Farbe war?«

»Weil Morvannou uns das bei seinem ersten Besuch gesagt hat«, meinte Jules.

»Aber da war Ihr Sohn nicht anwesend.«

»Nein. Aber ich habe es ihm erzählt. Das ist doch wohl nicht verboten?«

»Sicher nicht«, sagte Duval. »Aber Sie hätten auch darauf achten sollen, daß Ihr Sohn seine Hände gründlicher wäscht. Unter den Fingernägeln sieht man noch rote Farbe.«

Gaston versteckte seine Hände rasch unter dem Tisch, Morvannou machte »aha!«

»Also, gehen wir«, sagte Duval. »Du mußt mitkommen. Es gibt ein Protokoll zu unterschreiben.«

Er stand auf, die andern auch. Jules fragte: »Heißt das, daß Sie ihn verhaften?«

»Nein, nicht verhaften. Vorläufig wenigstens nicht. Das weitere hängt dann vom Untersuchungsrichter ab.«

»Geh«, sagte Jules zu Gaston. »Zieh dir was Ordentliches an.«

Sie warteten in der Bar, bis Gaston angezogen war. Jules bot ihnen nichts zu trinken an, nicht einmal einen Stuhl. Sie standen am Fenster, Duval blickte auf die Straße hinaus, hinüber zu dem kleinen Renault, mit dem sie gekommen waren. Gaston kam zurück, ging mit gesenktem Kopf rasch zur Tür, verabschiedete sich nicht, weder vom Vater noch von Odette. Duval folgte ihm ohne ein Wort, Morvannou wandte sich an der Tür um: »Tut mir leid«, sagte er.

»Leck mich am Arsch«, sagte Jules und setzte sich auf seinen Stuhl vor den Zigaretten.

4

Zwei Wochen waren seit dem 2. Februar vergangen, als Bürgermeister Madec den Brief des Anwaltes aus Brest erhalten hatte, der ihn für einen Moment aus der Fassung brachte. Der Anwalt hatte geschrieben, eine bedeutende amerikanische Ölgesellschaft, deren Interessen er vertrete, habe die Absicht, an der Nordküste der Bretagne Land zu kaufen, um ein Vorratslager für Benzin und Heizöl zu errichten. Aus technischen Gründen dürfe sich das Terrain nicht allzuweit von Brest befinden. Es sei beabsichtigt, von diesem Lager aus die gesamte westliche Bretagne, also das Departement Finistère, zu beliefern. Die Experten der Gesellschaft hätten bereits mehrere Standorte besichtigt, gründliche Prüfungen vorgenommen und ein paar Orte in die engere Wahl gezogen. Er freue sich, dem Herrn Bürgermeister mitteilen zu können, daß sich auch Lornac unter diesen Orten befinde. Ihm, als dem Anwalt der Gesellschaft, falle nun die Aufgabe zu, mit den Behörden der betreffenden Orte Verbindung aufzunehmen und alle Einzelheiten, vor allem auch die finanzielle Seite des Projektes, abzuklären. Zu diesem Zweck schlage er vor, daß er in den nächsten Tagen nach Lornac komme, um mit dem Herrn Bürgermeister über das Projekt, seine Größe und Bedeutung, die es für den Ort haben werde, zu sprechen. Der Herr Bürgermeister möge ihn bitte anrufen und einen Zeitpunkt für die Unterredung vereinbaren.

Guy Madec war ein Mann von vierzig Jahren. Er galt als tüchtig, erfolgreich, dynamisch. Das Amt des Bürgermeisters versah er – wie er sagte – ehrenamtlich, um der Gemeinde und der Allgemeinheit zu dienen. Er war Bauunternehmer, besaß viel Land rund um den Ort, und wenn ihm auch das Amt des Bürgermeisters keine sehr hohen Einnahmen brachte, so waren damit für einen Bauunternehmer doch viele Vorteile verbunden, die Madec dank seiner Geschicklichkeit auch zu nutzen verstand. Auf den Dünen baute er Einfamilienhäuser in Reihe, alle mit Blick aufs Meer, eins wie das andere mit grauem Schieferdach, Bogenfenstern zur Straßenseite, Tür aus Eichenholz, alle mit demselben Garten. Diese Häuser, hübsch, nicht zu teuer, gingen weg wie frische Brötchen. Meistens verkaufte Madec sie an Pensionierte aus andern Regionen Frankreichs, die auf diese Weise ihr Erspartes anlegten, um in guter Luft und mit Sicht aufs Meer die letzten Jahre zu verbringen. Aber auch Ausländer, vor allem Deutsche und Belgier, kauften diese Häuschen, und Madec brauchte nicht einmal Reklame dafür zu machen. Einer sagte es dem andern, und die Interessenten meldeten sich von selbst.

Als er den ersten Brief des Anwalts erhielt, hatte Madec sogleich begriffen, daß es sich um ein großes Geschäft handelte. Nicht bloß um ein Einfamilienhaus, wo man oft mit dem Besitzer wegen Überschreitung des Kostenvoranschlages um ein paar tausend Francs streiten mußte, sondern um ein wirklich großes Geschäft. Solche Geschäfte mußte man mit Vorsicht angehen. Er antwortete dem Anwalt zurückhaltend. Man sei durchaus nicht abgeneigt, sich über das Projekt der Ölgesellschaft orientieren zu lassen, allerdings ohne jede Verpflichtung, man schlage daher eine erste Fühlungnahme auf dem Bürgermeisteramt von Lornac vor. Madec wollte sich bei dieser ersten Unterredung mit dem Anwalt ganz als besorgter Bürgermeister geben, dem es ausschließlich um das Wohl des Ortes ging. Der andere brauchte ja nicht zu wissen, daß er auch – und vor allem – Bauunternehmer war und daß er sich allein schon aus diesem Grund für das Projekt interessierte. Das brauchte dieser Anwalt aus Brest keineswegs zu wissen, das schwächte nur die Verhandlungsposition.

Aber dann zeigte sich beim Besuch des Anwaltes, daß dieser bereits auf dem laufenden war und gar nicht daran dachte, so zu tun, als wisse er nichts von Madecs Privatgeschäft. Sie begrüßten sich sehr förmlich, Maître Roulet aus Brest und Guy Madec, Bürgermeister von Lornac.

Roulet war zwanzig Jahre älter als Madec, ein Mann, den man weder mit den Papierstößen auf dem Schreibtisch noch mit der französischen Fahne unter dem Bild des Staatspräsidenten oder mit dem Bändchen der Ehrenlegion im Knopfloch beeindrucken konnte. Ein Mann vor allem auch, der wußte, daß er eine milliardenschwere Firma vertrat und daß Madec daneben nur ein kleiner Fisch war, den man nicht allzu ernst zu nehmen brauchte.

Als der Bürgermeister erfuhr, wie groß das Gebiet war, das die Gesellschaft kaufen wollte, daß es auch noch im Westen des Ortes lag, wo er selbst am meisten Land besaß, da konnte er ein Lächeln nicht mehr unterdrücken. Und er hatte sich doch vorgenommen, während der ganzen Unterredung eine düstere und besorgte Miene aufzusetzen, Bedenken zu äußern wegen der weithin sichtbaren Tanks, die die Gegend verunstalten würden – wegen der Gefahr für die Umwelt, die so riesige Öllager unweigerlich mit sich brachten. Alle diese Bedenken hatte er vorbringen wollen – und jetzt mußte er lächeln. Das war falsch, er wußte es, so konnte er den Preis je Quadratmeter nicht gut höhertreiben. Doch dann merkte er, daß diese Tricks, mit denen man kleine Leute beeindrucken konnte, bei diesem Mann nicht verfingen. Der hatte ähnliche Verhandlungen sicher schon oft geführt. Der Anwalt blieb zwar immer sehr höflich und sprach so leise, daß Madec oft Mühe hatte, ihn zu verstehen. Aber, das spürte man einfach, der war hart wie Stahl.

Madec versuchte es trotzdem: »Es handelt sich da um ein sehr großes Stück Land. Da haben drei oder vier Grundeigentümer mitzureden. Ganz abgesehen davon, daß auch der Gemeinderat seine Zustimmung geben muß. Leicht wird das nicht sein.«

»Versteht sich«, entgegnete der Anwalt. »Aber ich nehme an, daß Sie als Bürgermeister alle diese Schwierigkeiten leicht aus dem Weg räumen können. Wie ich gehört habe, verstehen Sie es ausgezeichnet, sich im Rat Gehör zu verschaffen. Sicher werden Sie sich in unserer Sache besonders gern bemühen, da die Gesellschaft selbstverständlich Bauunternehmer aus dem Ort berücksichtigen wird. Sie sind ja Bauunternehmer, nicht wahr, Herr Bürgermeister.«

»Gewiß«, erwiderte Madec zerknirscht. Er kam sich jetzt wie ein Schuljunge vor, der beim Abschreiben ertappt wird. »Aber das ist eine private Sache und hat mit meinem Bürgermeisteramt nichts zu tun.«

»Selbstverständlich nicht«, antwortete der Anwalt. Er versuchte nicht einmal, das Lächeln zu unterdrücken, mit dem er deutlich zeigte, daß es eben doch etwas damit zu tun hatte. So sicher war er seiner Sache!

»Ist mir klar, daß das zwei verschiedene Dinge sind, Bürgermeister und Bauunternehmer«, fuhr er fort. »Obwohl – ja, vielleicht – sind sie eben doch nicht ganz zu trennen. In unserem Fall wenigstens nicht. Die Gesellschaft wird ja nicht nur für die Öllager selbst, sondern auch für die Häuser der Angestellten einen Bauunternehmer benötigen. Sie sind sicher Geschäftsmann genug, um zu wissen, was das heißt. Ich meine deshalb, das sollte ein lohnendes Geschäft werden. Für Sie – und für mich.«

Es hat keinen Sinn, mit dem Katz und Maus zu spielen, dachte Madec, mit dem redet man am besten ganz offen. »So gut ich es vermag«, sagte er, »werde ich dafür sorgen, daß das Projekt verwirklicht wird. Schließlich werden dadurch Arbeitsplätze für die Einwohner von Lornac geschaffen, das ist für mich die Hauptsache.«

»Darauf dürfen Sie sich nicht zu fest verlassen. Die Gesellschaft hat ihre Spezialisten. Vielleicht gibt es ein paar Möglichkeiten für Einheimische, zum Beispiel im Unterhalt der Grünanlagen. Aber wie gesagt: verlassen Sie sich darauf nicht.«

»Zuerst muß ich mit den Grundeigentümern und dem Gemeinderat reden«, sagte Madec. »Dann sehen wir weiter. Das alles braucht seine Zeit. Überstürzen kann man da nichts.«

»Auf keinen Fall überstürzen. – Wie lange brauchen Sie?«

»Im Gemeinderat geht das schmerzlos durch. Aber so, wie ich die Sache jetzt sehe, müssen drei private Grundeigentümer Land hergeben. Bei zweien wird es kaum Schwierigkeiten geben. Der dritte wird sich jedoch weigern, fürchte ich.«

»Sie meinen diesen Kerjean – den Besitzer des Hotels?«

»Genau den. Der müßte nämlich nicht nur Boden, der müßte sein Haus hergeben. Den Laden und das Hotel. Es geht schließlich um seine Existenz. Der wird nicht zustimmen.«

»Daran haben wir gedacht. In solchen Fällen ist unsere Gesellschaft sehr großzügig. Natürlich kann ich heute noch keine Summe nennen. Aber ich darf Ihnen versichern, daß die Gesellschaft bereit sein wird, einen hohen Preis für das Haus zu zahlen. An solchen Kleinigkeiten läßt man das Projekt nicht scheitern. Mit dem Geld, das der Mann erhält, kann er anderswo ein Hotel bauen. Wenn er nicht vorzieht, sich zur Ruhe zu setzen. Der Jüngste soll er ja nicht mehr sein.«

»Sie sind gut unterrichtet.«

»Das ist meine Aufgabe«, sagte Roulet. »Wie lange brauchen Sie, um alles abzuklären?«

»Mindestens einen Monat, vielleicht etwas länger.«

»Nicht viel länger. Ich habe Ihnen bereits gesagt, daß zwei andere Gemeinden sich auch für das Projekt interessieren. Gemeinden, die bereit wären, den Vertrag morgen schon zu unterschreiben. Wenn ich trotzdem zu Ihnen gekommen bin, dann nur, weil ich doch annehmen darf, daß Sie als Bauunternehmer besonders interessiert sind. Es sollte doch nicht allzu schwer sein, zu einer Einigung zu kommen. Zu einer Einigung, die Sie und natürlich auch mich zufriedenstellt.«

Das ist nun schon das zweite Mal, dachte Madec, daß der solche Anspielungen macht. Wahrscheinlich nimmt der an, ich zahle ihm Schmiergeld. Werde ich wohl tun müssen, sonst krieg' ich den Auftrag gar nicht. Nun ja, von mir aus, soll er auch an dem Geschäft verdienen. Es schaut sicher genug heraus für uns beide. »Ich glaube«, sagte er, »wir werden uns in jeder Hinsicht einigen können. Auf jeden Fall gebe ich Ihnen Bescheid, sobald ich mit den Grundeigentümern und dem Gemeinderat gesprochen habe.«

»Gut. Und ich gebe Ihnen den Preis bekannt, den die Gesellschaft für das Grundstück von Kerjean zahlt. Dann können Sie auch mit ihm verhandeln.«

Der Bürgermeister holte aus dem Schrank einen Plan der Gemeinde. Sie zeichneten gemeinsam den Bezirk ein, den die Gesellschaft kaufen wollte. Es zeigte sich, daß Madec sogar noch ein größeres Stück Land einbringen konnte, als er ursprünglich angenommen hatte. Auch wenn er dem Anwalt eine erhebliche Summe zahlte, machte er immer noch das Geschäft seines Lebens. Er wußte, daß er sich dieses Geschäft unter keinen Umständen entgehen lassen würde. Selbst, wenn er auf Kerjean Druck ausüben mußte.

Ihre Begrüßung war sehr förmlich gewesen. Der Abschied war freundlicher, fast herzlich. Sie verstanden sich, sie wollten beide dasselbe. Sie schüttelten sich die Hände wie zwei alte Freunde. Oder wie zwei Komplizen.

5

Madec hatte sich vorgenommen, dieses Geschäft sofort anzugehen. Aber es war viel Kleinkram dazwischengekommen, und er hatte zwei Wochen lang nichts in der Sache unternehmen können. Zwar hatte er mit Varin und Cochard, den beiden Landwirten, die einen Teil ihres Bodens hergeben sollten, andeutungsweise gesprochen. Wie schlimm es sei, daß der Bauer heutzutage für seine Produkte keinen guten Preis mehr erziele und daß man sich deshalb nicht wundern dürfe, wenn die Bauern überall in der Bretagne Boden zum Verkauf anböten. Darüber habe er auch schon ganz oben gesprochen, und zwar frei von der Leber weg, wie es nun mal seine Art sei. Er lasse sich nämlich auch von den Herren in Paris die rechte Gesinnung nicht verbieten, und mehr als einmal habe er ganz oben angetönt, schuld an der Not der Landwirte sei der Gemeinsame Markt. Immer schon sei er dagegen gewesen, daß Frankreich diesem Gemeinsamen Markt beitrete.

Die beiden waren seiner Meinung. Sicher würden sie nur zu gern einen Teil ihres Landes verkaufen. Aber wer kaufe denn heute Boden für Einfamilienhäuser ohne Sicht aufs Meer.

»Gerade das«, meinte Madec, »ist ja meine ständige Sorge. Tatsächlich lohnt sich der Bau von Einfamilienhäusern nur an guter Lage mit unverbaubarer Aussicht. Und auch dann noch ist es bei der großen Konkurrenz schwer, einen vernünftigen Preis zu bekommen. Daher habe ich eher an Industrie gedacht. Das würde auch Arbeitsplätze bringen. Und tatsächlich ist es mir vielleicht – ich sage: vielleicht – möglich, in dieser Sache etwas zu tun. Ich kann noch nichts Bestimmtes sagen. Aber wenn ich etwas erreiche, dann denke ich zuerst an euch ... doch, doch, das bin ich zwei so alten Freunden schuldig.«

Eigentlich hatte er sich bloß ein bißchen umhören wollen. Aber die beiden hatten gleich gierig wie ausgehungerte Fische nach dem Köder geschnappt, und am liebsten hätten die den Vertrag sofort unterschrieben. Die zwei, dachte Madec, die habe ich in der Tasche.

Dann erhielt er überraschend noch einmal Besuch vom Anwalt aus Brest. Er nannte ihm den genauen Preis je Quadratmeter, auch den Preis, den die Gesellschaft Kerjean für sein Haus zahlen wollte. Es war ein guter, ein hoher Preis. Madec staunte im stillen wieder einmal, wie großzügig die Amerikaner sein konnten, wenn sie sich ein Geschäft in den Kopf gesetzt hatten. Man kann denen alles mögliche vorwerfen, dachte er, aber großzügig sind sie. »Eine ganz hübsche Summe erhält Kerjean«, sagte er. »Da braucht er für den Rest seines Lebens nicht mehr zu arbeiten. Er wird ein wohlhabender Mann sein.«

»Hauptsache, er nimmt an und macht uns keine Schwierigkeiten. Denn ohne sein Haus ist nichts zu machen. Ohne sein Haus läßt die Gesellschaft das ganze Projekt Lornac fallen und baut anderswo.«

Aber nicht nur deswegen war der Anwalt hergereist. Nicht nur, um Madec die Preise zu nennen, die er auch am Telefon hätte durchgeben können. Er legte dem Bürgermeister eine Vereinbarung vor, die den Anteil des Anwaltes am Geschäft regelte.

»Wieso wollen Sie das denn schriftlich?« fragte Madec ein wenig beleidigt. »Ist Ihnen mein Wort nicht gut genug?«

»Nein«, entgegnete der Anwalt. Er lächelte höflich, als bedaure er das schroffe »Nein«. Aber er versuchte nicht, es abzuschwächen. »Leider nicht. Sie könnten ja – was Gott verhüten möge – in der Zwischenzeit sterben. Und dann? Wer zahlt mir mein Geld, wenn Ihnen etwas zustoßen sollte?«

Als der Anwalt gegangen war, überlegte Madec sich gründlich, wie er nun vorgehen sollte. Varin und Cochard machten ihm keine Sorgen. Aber Kerjean. Er kannte ihn, er wußte, das war ein Dickschädel, der an seiner Scholle klebte. Es würde mehr brauchen als einen guten Preis, um den so weit zu bringen, daß er einwilligte. Man müßte, dachte Madec, etwas finden, um ihn unter Druck zu setzen.

Er war nicht der Mann, der Unangenehmes von sich schob. Am übernächsten Tag fuhr er zu Kerjean hinaus. Sie kannten sich von klein auf, nicht sehr gut, so, wie man sich eben kennt, wenn man im selben Dorf aufwächst. Man grüßte sich, wenn man sich begegnete, man sprach auch mal ein paar Worte miteinander, aber stets nur Belangloses. Jedermann in Lornac wußte, daß es Kerjean nicht besonders gut ging – gesundheitlich nicht, und in Geldsachen auch nicht. Man wußte auch, daß zwei seiner drei Kinder in Paris lebten, man wußte, daß Kerjean im Hafen unten immer noch ein altes Fischerboot liegen hatte, das er nicht mehr oder doch nur selten benutzte. Und dennoch verkaufte er das Boot nicht. Nicht mal dieses alte Fischerboot wollte er hergeben! Und jetzt sollte man ihn dazu bringen, sein Haus zu verkaufen, das Haus, in dem er aufgewachsen war. Man muß ihm natürlich einen Ersatz anbieten, dachte Madec, als er Kerjeans Haus vor sich sah. Aber wohin konnte man einen Mann von fünfzig Jahren verfrachten, wenn man ihm sein Haus weggenommen hatte? Zu seiner Tochter nach Paris. Das wäre immerhin eine Möglichkeit, dachte der Bürgermeister.

Er blieb vor dem Haus stehen, betrachtete es mit fachkundigen, kritischen Blicken: alt sah es aus, heruntergekommen. Nicht einladend jedenfalls als Hotel. Eigentlich, dachte Madec, müßte Kerjean froh sein. Mit dem Geld, das die zahlen, könnte er zwei solche Häuser kaufen. Schönere sogar. Wenn der normal wäre, würde er sofort zusagen. Aber eben: wenn! Jedermann wußte, daß mit Kerjean da oben etwas nicht ganz stimmte. Und seit dem Tod seiner Frau war es noch schlimmer.

Madec trat in die Bar, Odette stand hinter der Theke, las in einem Buch. Jules saß an seinem gewohnten Platz. Um diese frühe Nachmittagszeit war die Bar leer. So hatte Madec es vorausgesehen. Er tippte mit dem Finger an seine Baskenmütze, sagte: »Salut!«

»Salut«, sagte auch Jules.

Odette legte das Buch weg, kam, noch ehe Madec sich gesetzt hatte, hinter der Theke hervor, sagte laut und so deutlich, als habe sie es vorher geübt: »Guten Tag, Herr Bürgermeister.«

Madec zog den Mantel aus, legte ihn Odette auf den ausgestreckten Arm. Jetzt sah man deutlich im Knopfloch seiner dunklen Jacke das rote Band der Ehrenlegion. Nicht irgendeiner also, der Bürgermeister von Lornac.

Madec setzte sich, sagte im nachlässigen Ton eines Mannes, der gewohnt ist, daß man sofort ausführt, was er wünscht: »Einen Halben Weißen. Zwei Gläser. Du trinkst doch ein Glas mit mir, Jules?«

Es war kaum eine Frage, es war selbstverständlich, daß jeder sich geehrt fühlen mußte, wenn er von Madec zu einem Glas eingeladen wurde.

»Von mir aus«, erwiderte Jules und kam gemächlich an den Tisch.

Sie warteten, bis Odette eingeschenkt hatte, sie stießen an, dann fragte Madec: »Wie geht es?«

»Schlecht. – Warum fragst du?«

»Ich frag' eben. Ist es verboten?«

»Verboten nicht. Aber mich wundert, daß es dich interessiert. Zahle ich zu wenig Steuern?«

»Das auch«, erwiderte Madec und lachte. »Aber deswegen bin ich nicht gekommen. Ich habe etwas anderes mit dir zu besprechen.«

Wieder erklärte er, wie er sich seit langem Sorgen um das Dorf mache, um Arbeit und Verdienst der Einwohner. Weil doch der Ertrag aus der Fischerei ständig zurückgehe, seit die großen Schiffe weit draußen die Fischschwärme mit Radar orten. »Da bleibt für die kleinen Fischer in unserem Dorf nur noch wenig Verdienst. Das weißt du so gut wie ich. Oder besser. Du hast ja auch ein Boot im Hafen liegen, und es lohnt sich für dich nicht mehr, auszufahren.«

»Nein«, erwiderte Kerjean, »es lohnt sich nicht mehr. Das letztemal haben wir so wenig Fische heimgebracht, daß man aus dem Erlös kaum das Öl für den Motor zahlen konnte.«

»So ist es. Und wenn du in einem solchen Ort Bürgermeister bist, dann machst du dir eben Sorgen. Ich kann dir sagen, so etwas bedrückt, das läßt dich nicht schlafen. Du fühlst dich einfach verantwortlich für den Ort. – Das kannst du doch sicher verstehen?«

»Naja«, meinte Jules, »mag sein. Aber daß du deswegen nicht schläfst, ist seltsam. Du siehst nicht aus wie einer, der schlecht schläft.«

»Der Schein trügt oft«, meinte Madec. »Du denkst wahrscheinlich, der Bürgermeister kann den ganzen Tag nur auf der faulen Haut liegen. Aber da irrst du dich gründlich. Daß ich jetzt zu dir komme, ist der beste Beweis dafür. Es ist mir nämlich nach langen, zähen Verhandlungen gelungen, Verbindung mit einer großen amerikanischen Ölgesellschaft aufzunehmen. Diese Gesellschaft will in Lornac Vorratslager errichten. Das wäre natürlich für den Ort ein großes Glück.«

Er trank bedächtig einen Schluck, stellte das Glas vorsichtig hin. Er wußte, daß er nicht schnell vorgehen durfte, wenn er nicht alles gefährden wollte. Er mußte Kerjean Zeit lassen, sich an den neuen Gedanken zu gewöhnen.

»Wo sollen diese Tanks denn stehen?« fragte Jules.

»Das ist ja das Gute: hier! Darum komme ich zu dir. Du sollst es als erster erfahren. Die kaufen das ganze Gelände hier draußen in weitem Umkreis. Und zahlen obendrein einen sehr anständigen Preis.«

»Solche Tanks habe ich in St. Brieux gesehen«, meinte Kerjean. »Besonders schön sehen die ja nicht aus. Riesige graue Kessel. – Nun ja, von mir aus. Mich geht das nichts an. Zwischen mein Hotel und den Strand können die ihre Tanks nicht stellen. Auch nicht allzu nahe ans Haus. Wegen der Gäste. Weil Öltanks kein Anblick sind für Sommergäste. Wenn einer Öltanks sehen will, kann er zu Hause bleiben.«

»Nun übertreibe aber nicht mit deinen Gästen. Du redest ja, als ob du ein Palace Hotel hättest.«

»Das weiß ich selber, daß ich in letzter Zeit alles ein wenig vernachlässigt habe. Ich hatte meine Gründe. Aber so muß es ja nicht bleiben. Im nächsten Sommer fang ich wieder richtig an. Da hab' ich das Haus wieder voll. Immerhin ist es ein Hotel mit zwei Sternen.«

»Nicht mehr. Nach den neuen Vorschriften hast du nur noch einen Stern. Und so, wie das Haus jetzt aussieht, verdienst du nicht mal diesen einen.«

»Deine neuen Vorschriften gehen mich einen Dreck an«, sagte Kerjean. »Ich habe zwei Sterne. Dabei bleibt es.«

»Wenn du schreibst ›zwei Sterne‹, wirst du bestraft. Man könnte dir sogar das Patent wegnehmen.«

»So? Könnte man das? Und wovon soll ich dann leben?«

»Reg dich nicht gleich auf. Ich habe ja diese Gesetze und Vorschriften nicht gemacht. Ich weiß auch, daß sie zum Teil ungerecht sind. Und ich habe mir weiß Gott lange genug überlegt, wie man dir am besten hilft. Am besten für dich ist, wenn wir versuchen, dein Haus mit dem Grund und allem Land den Amerikanern anzudrehen. Das wäre bestimmt die beste Lösung. Da wärst du alle Sorgen los.

– Je länger ich mir das überlege, desto besser gefällt mir diese Idee. Laß mich nur machen, das krieg' ich schon hin. Ich weiß, wie man mit denen verhandeln muß: ich sag denen ganz einfach, ihr kriegt das Land nur unter der Bedingung, daß das Haus von Kerjean mit übernommen wird. Ich sage, wenn die Tanks so nahe am Hotel gebaut werden, verliert es einen Teil seines Wertes. – Laß mich nur machen! Ich bringe die so weit, daß die dir einen schönen Preis zahlen.«

»Ich will nicht verkaufen«, sagte Kerjean.

»Sicher nicht zu jedem Preis. Versteht sich. Ich kann mich ja mal erkundigen, das ist unverbindlich. Und liegt auch in deinem Interesse. Nachher kannst du immer noch in Ruhe überlegen.«

»Ich brauche nichts zu überlegen. Ich verkaufe nicht.«

So geht es offenbar nicht, dachte Madec. Ich muß ihn anderswo packen.

»Pierre Varin gibt einen Teil seines Landes«, sagte er.

»Cochard auch. Aber die Amerikaner brauchen viel Land. Die brauchen auch Land für die Lastwagen, ihre großen Tankwagen. Zum Wenden und so weiter. Und wenn die Land brauchen, dann bekommen sie es auch.«

»Von mir bekommen sie es nicht.«

»Hast du eine Ahnung! Die haben Mittel in der Hand, von denen du nicht mal träumst. Die können dich im Handumdrehen fertigmachen. Was willst du gegen ein solches Unternehmen denn ausrichten? Etwa einen Prozeß führen? Die stecken dich in die Tasche, bevor du nur bonjour sagen kannst. Zum Beispiel können die ihre Tanks so nahe an dein Hotel stellen, daß du hinüberspucken kannst. Wenn es den ganzen Sommer über nach Öl stinkt, werden deine Gäste bald mal ausziehen. Dann ist es aus mit deinem ›Zwei-Sterne-Hotel‹. Und dann erst die Tankwagen. Die kommen und gehen Tag und Nacht. Sie wenden unmittelbar vor deinem Haus. Das hältst du nicht lange aus. Siehst du, das sind die nackten Tatsachen. Damit muß man sich abfinden. Bei uns ist nun mal der Größere auch der Stärkere, daran änderst du nichts. Darum meine ich, es ist besser, man einigt sich, man redet mit den Leuten. Du darfst auch nicht vergessen, was das für den Ort bedeutet. Jeder im Dorf ist natürlich dafür, weil es Arbeitsplätze und Geld bringt. Du kannst dich unmöglich gegen alle im Dorf stellen.«

»Warum nicht? Du wirst sehen, ich kann es. Laß es nicht drauf ankommen! Ich kann es. Und wenn auch kein Schwanz mehr zu mir kommt: deswegen verkaufe ich nicht. Was ich zum Leben brauche, habe ich, ich brauche nämlich nur wenig.«

»Mag sein«, sagte Madec. »Aber du mußt auch an deine Kinder denken.«

»Was hat denn das mit meinen Kindern zu tun?«

»Nun, sicher hast du noch zwanzig oder mehr Jahre zu leben. Aber einmal ist es dann soweit. Was hinterläßt du dann deinen Kindern? Ein baufälliges Haus, in dem es nach Öl stinkt. Entweder das oder genug Geld, daß sich jedes von ihnen eine Existenz aufbauen kann. Überleg dir das mal!«

Kerjean hatte den Kopf gesenkt. Er spürte, daß Odette ihn anblickte, er spürte ihren Blick fast körperlich. Aber als er den Kopf hob, wandte sie sich sofort ab. Er dachte, wenn ich einem Menschen etwas hinterlassen möchte, dann ihr. Weil sie Yves immer noch liebt. Obschon sie weiß, daß er für sie verloren ist, daß der nie zurückkehren wird. Sie liebt ihn mit dieser verbissenen Liebe, wie ich ihn liebe.

Er sagte: »Meine Kinder sollen arbeiten. Die brauchen mein Geld nicht.«

»Nun ja«, meinte Madec, »wie du willst. Es war bloß ein gut gemeinter Vorschlag von mir, weil ich eben kommen sehe, daß man dir das Leben schwermachen wird. Du kannst dich nicht als einziger in Lornac gegen den Fortschritt stemmen.«

»Nennst du das denn Fortschritt? Öltanks? Wenn das dein Fortschritt ist, dann scheiß' ich darauf. Ich danke dir, daß du gekommen bist. Vielleicht hast du es gut gemeint, sicher bin ich nicht. Sag den Herren aus Amerika, daß Jules Kerjean nicht verkauft. Nicht einen einzigen Quadratmeter.«

6

Man muß unbedingt etwas finden, wie man diesen Kerjean in die Knie zwingen kann, dachte Madec bitter, als er in sein Büro zurückkehrte. Die Leute im Ort gegen ihn aufhetzen. Klar, das läßt sich leicht machen. Ein paar geschickte Bemerkungen hier und dort, Anspielungen, daß er allein dafür verantwortlich ist, wenn es nicht genug Arbeit für alle gibt. Wenn man den Leuten von drohender Arbeitslosigkeit spricht, sind sie für alles zu haben. – Aber vielleicht genügt das nicht. Natürlich muß ich ihm auch einen guten Preis bieten, sogar mehr als die Amerikaner. Möglicherweise ist der nicht mal mit Geld weichzukriegen. Solche Spinner gibt es ja überall. Im schlimmsten Fall werde ich nach Paris reisen und mit seinem Sohn und seiner Tochter reden. Die sind vernünftiger, die sind scharf auf Geld. Die kriegen ihn sicher herum. – Ja, so müßte es eigentlich gehen.

Wenigstens eine Möglichkeit, dachte er, wie man den in die Knie zwingen könnte. Aber eben bloß eine Möglichkeit, und daher immer noch nicht sicher genug. – Er wollte sicher sein. Er konnte sich das Geschäft seines Lebens nicht durch Kerjeans Starrköpfigkeit ruinieren lassen.

Er war schlecht gelaunt. Auch noch abends zu Hause und in den folgenden Tagen. Und dann, als er an jenem Tag Mitte Februar ins Büro fuhr, hatten Separatisten auch noch mit roter Farbe »Bretagne libre« ans Gemeindehaus geschmiert. Das hat gerade noch gefehlt, dachte er. Manchmal spürt man schon am Morgen, daß alles schieflaufen wird. Er grüßte seine Sekretärin nicht, er sagte nur: »Verbinden Sie mich mit dem Polizeiposten.«

Als Morvannou sich meldete, fragte der Bürgermeister: »Haben Sie das gesehen?« Er brauchte nicht zu erklären, was er meinte.

»Jawohl, Herr Bürgermeister«, sagte Morvannou.

»Man muß das sofort entfernen lassen. Sind noch andere Gebäude verschmiert worden?«

»Auch zwei Häuser in Portsall. Ich habe bereits mit den Ermittlungen begonnen, ich weiß, wo die Übeltäter zu suchen sind.«

»Gut«, sagte Madec, »halten Sie mich auf dem laufenden«.

Man hielt ihn auf dem laufenden. Er erfuhr, daß man in der Präfektur beschlossen hatte, einen Kriminalbeamten nach Lornac zu schicken. Am nächsten Tag schon konnte Morvannou ihm berichten, man kenne jetzt die Namen der jungen Leute, man habe bereits zwei von ihnen einvernommen, der Kriminalbeamte sei eben dabei, den letzten zu vernehmen.

»Wer ist es?« fragte Madec.

»Da ist einmal der junge Varin, der Sohn von Pierre Varin. Dann natürlich Remi Bourdon. Und der junge Kerjean.«

»Der Sohn vom Hotelbesitzer?«

»Genau. Gaston heißt er.«

Madec legte ohne ein weiteres Wort den Hörer auf die Gabel. Das war ja großartig! Wie eine Fügung des Himmels. Der junge Kerjean! Genau die Bombe, die man dem Alten unter den Hintern legen und anzünden konnte! Wie oft schon hatte er zu Henriette gesagt: »Laß mich mit deinen frommen Sprüchen zufrieden«, wenn sie behauptete, daß Gott den Guten belohne, den Bösen bestrafe. – Jetzt war er bereit, an Gottes Gerechtigkeit zu glauben. Das konnte nicht Zufall sein, daß der junge Kerjean gerade in diesem Augenblick mit der Polizei zu tun hatte.

Er rief, nachdem er sich alles überlegt hatte, Morvannou noch einmal an.

»Wo ist der junge Kerjean jetzt?«

»Im Büro nebenan. Er wird eben einvernommen.«

»Und wie heißt der Beamte?«

»Duval.«

»Rufen Sie mir diesen Duval an den Apparat.«

Wenn ich jetzt diplomatisch vorgehe, dachte Madec, wenn ich meine Trümpfe zur rechten Zeit ausspiele, kann kaum noch etwas schiefgehen.

Duval meldete sich. Madec gab sich ausgesprochen freundlich, herablassend: Unangenehme Sache für den Ort, solche Schmierereien. Ob der junge Kerjean gestanden habe... ja? ... sehr gut ... er sei Monsieur Duval dankbar, wenn er rasch herüberkommen könne ... aufs Bürgermeisteramt. Er habe mit ihm etwas zu besprechen, aber das gehe schlecht am Telefon. Zudem wolle er Monsieur Duval ohnehin gern persönlich kennenlernen, weil er die Untersuchung so rasch und erfolgreich durchgeführt habe. Er sehe ja nächste Woche den Herrn Unterpräfekten, da werde er nicht verfehlen, seinen Namen zu erwähnen...

Als Duval ein paar Minuten später in sein Büro trat, begriff Madec, daß es keinen Sinn hatte, den gefügig zu machen, indem man ihm versprach, seinen Namen dem Herrn Unterpräfekten zu erwähnen. Der war zu gerissen. Mit dem, dachte Madec und wies Duval einen Stuhl an, mit dem fährt man am besten, wenn man die Karten halb aufdeckte. Nicht ganz – nur halb.

Er hielt Duval Zigaretten hin, reichte ihm auch die Streichhölzer, fragte: »Einen Cognac trinken Sie mit mir...? Jaja, ich weiß, im Dienst. Aber ich sage immer: keine Regel ohne Ausnahme!«

Er holte die Gläser, schenkte ein, Duval saß indessen unbeweglich auf seinem Stuhl, sah nicht mal hin, als Madec sein Glas füllte. Er wußte, was der Bürgermeister von ihm wollte. Die wollten immer dasselbe, diese kleinen Dorfgrößen. Hielten sich für so etwas wie den Sonnenkönig, mit ihrem Band der Ehrenlegion im Knopfloch. Auch der hier würde jetzt gleich loslegen: daß dieser Gaston

Kerjean der Sohn eines guten, eines sehr guten Freundes sei ... man möge seine Jugend berücksichtigen ... Streich dummer Jungen ... nicht erwähnenswert ... und er wäre dankbar, wenn man den Namen Kerjean im Bericht nicht erwähnen würde, sehr dankbar. Immer dasselbe, dachte Duval. Immer derselbe Dreck. Und wie immer würde er antworten: leider unmöglich, Name bereits telefonisch durchgegeben. Die konnten ihn mal, diese kleinen Dorfbonzen mit ihrem Größenwahn.

Sie stießen an, Duval nahm einen winzigen Schluck, stellte das Glas hin. Dann fragte der Bürgermeister: »Es handelt sich also um den jungen Kerjean? Der hat die Gebäude verschmiert?«

»Der und zwei andere.«

»Hat er gestanden?«

»Was blieb ihm anderes übrig? Ist ja nicht so schlimm das Ganze. Aber meinen Rapport muß ich machen, da läßt sich nichts mehr ändern.«

»Selbstverständlich. Sie meinen also, die Sache wird keine Folgen haben?«

»Kann ich nicht sagen. Geht mich nichts mehr an. Wahrscheinlich wird man keine Staatsaffäre daraus machen.«

»Sie könnten mir einen großen Gefallen erweisen«, sagte Madec und lehnte sich im Stuhl zurück, zögerte, als suche er nach den rechten Worten. »Wirklich einen großen Gefallen. Nicht mir persönlich selbstverständlich, sondern dem Ort. Es handelt sich um eine heikle Sache. Für Lornac von größter Bedeutung. Eigentlich ist das ja geheim, aber ich muß Ihnen doch einiges erklären, damit Sie verstehen, worum es geht. Ich darf voraussetzen, daß Sie die ganze Angelegenheit vertraulich behandeln?«

Er wartete ein paar Sekunden, wartete auf die eifrige Zustimmung des Kriminalbeamten. Aber Duval schien nicht zu merken, daß man Zustimmung erwartete. Er blieb unbeweglich sitzen, den Kopf zur Seite gewandt, und erst jetzt bemerkte Madec, was der für große Ohren hatte, abstehende große Ohren. Wie ein Luchs, dachte Madec.

»Wie gesagt, für unsern Ort hängt sehr viel davon ab: Aufschwung – Arbeit. Gegen ein Projekt, das für den Ort lebenswichtig ist – jawohl, ich wiederhole: lebenswichtig –, sträubt sich der alte Kerjean. Der Vater des Jungen, den Sie drüben haben. Er müßte ein paar Quadratmeter von seinem Boden zu einem sehr guten Preis verkaufen. Aber er weigert sich.«

»Warum?« fragte Duval.

»Weil er weiß, daß er dadurch den andern schadet. Aber als Bürgermeister bin ich verpflichtet, dafür zu sorgen, daß die Leute von Lornac Arbeit haben. Darum muß ich versuchen, Kerjean ein wenig unter Druck zu setzen.«

Duval leerte sein Glas, blickte mit müden, leeren Augen den Bürgermeister an. Der will also gar nicht, daß ich den Namen des Jungen streiche, dachte er. Der will etwas ganz anderes. Das Gegenteil will der.

»Wenn der junge Kerjean in irgend etwas verwickelt ist«, fuhr Madec fort, »in etwas Unrechtes, dann kann ich mehr Druck auf den Vater ausüben. Sie verstehen, was ich meine.«

»Nein.«

Vielleicht, dachte Madec, ist der doch bloß müde und beschränkt und keine Spur von Intelligenz. »Ich möchte, daß der Vater vorläufig glaubt, es handle sich um eine ernste Sache. Dann kann ich ihm einen Handel vorschlagen.«

»Das verstehe ich«, sagte Duval. »Aber ich weiß nicht, was ich dabei zu tun habe. Es hängt ja nicht von mir ab, wie die Sache beurteilt wird.«

»Natürlich nicht. Ich verlange ja auch nicht, daß Sie Ihren Bericht ändern. Nichts dergleichen. Aber wenn Sie mir – und vor allem den Einwohnern von Lornac – einen Gefallen tun wollen, dann behalten Sie den jungen Kerjean heute nacht auf dem Polizeiposten. Wenn er erst morgen nach Hause entlassen wird, macht das Eindruck auf den Vater. Und auf den Jungen selbstverständlich auch.«

»Sie wollen dem alten Kerjean sagen, wenn Sie sich für den Jungen einsetzen, kommt er besser weg?« fragte Duval.

»Genau. Im Interesse von Lornac natürlich.«

»Klar«, sagte Duval. »Von mir aus. Dann behalte ich den Jungen eben heute nacht. Der Polizist kann ihn morgen laufenlassen.«

Madec füllte die Gläser wieder, sie stießen noch einmal an, Madec sagte: »Dann verstehen wir uns also. Ich bin sehr froh. Unser Ort ist von der Krise schwer betroffen. Ich muß versuchen, Arbeit zu beschaffen. Und Kerjean muß einsehen, daß er sich dem Fortschritt nicht in den Weg stellen darf.«

Als Duval gegangen war, rief Madec in Brest an. Mit dem Anwalt verstand er sich jetzt ganz gut. Bei dem wußte man wenigstens, woran man war. Der wollte Geld, der wollte Prozente, sonst nichts. Das war ein Boden, auf dem auch Madec sich sicher bewegte. Er bat den Anwalt, so rasch wie möglich wieder nach Lornac zu kommen. Er erläuterte ihm, wie das Geschäft stand, wie er versucht hatte, den alten Kerjean umzustimmen, wie der stur und unzugänglich geblieben war, wie sich aber jetzt ganz unvermutet eine neue Möglichkeit gezeigt hätte.

»Morgen kann ich nicht kommen«, sagte der Anwalt, »aber übermorgen.«

»Gut. Übermorgen, um drei Uhr in meinem Büro, dann gehen wir zusammen zu Kerjean.«

Theoretisch, sagte Madec sich, sei nun alles in Ordnung. Und doch blieb er unsicher. Er machte sich Vorwürfe. Immer muß ich an das Schlimmste denken, sagte er sich, statt an das Gute im Menschen zu glauben.

Im Büro mochte er nicht mehr bleiben, nicht mit diesen großen Gedanken im Kopf. Er konnte sich unmöglich mit Kleinkram beschäftigen, wo es doch um eine so wichtige Sache ging.

Er fuhr nach Hause. Er hatte auf einmal das Bedürfnis, mit jemandem offen über alles zu reden. Mit seiner Frau. Die würde ihm aufmerksam zuhören, die interessierte sich für das Geschäft und alles, was damit zusammenhing. Manchmal hatte sie brauchbare Ideen, vielleicht fiel ihr auch diesmal etwas ein.

Madec wohnte am Promenadenweg, auf einer Klippe, in unverbaubarer Lage. Von allen Zimmern in den beiden Stockwerken hatte man Aussicht auf den Ozean. Diese Villa hatte Madec sich vor sechs Jahren selbst gebaut, eine Villa, wie sie reiche Leute in der Bretagne oft bauen: Türmchen und Erker, ein großer Garten zur Straße hin, die Fenster im Erdgeschoß vergittert, mehr zur Zierde, weniger zum Schutz gegen Einbrecher, große Hortensiensträucher, hohes schmiedeeisernes Tor.

Wenn Fremde im Sommer den Weg gingen, der über Klippen am Ufer entlangführt, und weit hinten das Haus sahen, dann wußten sie: hier wohnt ein reicher Mann. Wenn Einheimische dabei waren, klärten sie die Fremden auf: »Da wohnt unser Bürgermeister.«

Der Tag war trüb, das Meer lag grau und unbewegt da, und Madec, der sich vorgenommen hatte, an das Gute im Menschen zu glauben und also auch an das Gelingen des Geschäftes, fühlte sich trotz dieses Vorsatzes plötzlich wieder unsicher und mutlos. Er galt sonst als tatkräftiger Mann, er war auch stolz darauf. Er konnte sich seine Verzagtheit nicht erklären.

Er fand Henriette im Erkerzimmer. Er setzte sich zu ihr, nahm ihre Hand und begann zu erzählen. Sie hörte ihm stumm, mit wachem Blick zu. Als er geendet hatte, sagte sie: »Das geht um eine große Summe.«

»Um eine sehr große Summe. Es handelt sich gewissermaßen um das Geschäft meines Lebens. Ich habe mir alles in groben Zügen überlegt: zwei Häuser für die Angestellten, das Areal selber mit dem Unterbau, die Straße. Ich denke, es springen für mich an die zwei Millionen heraus.«

Er sah mit Vergnügen, daß diese Summe ihr großen Eindruck machte.

»Das ist sehr schön«, sagte sie schließlich. Mehr nicht. Aber gerade das schätzte er so an ihr: diese Zurückhaltung. Henriette kam aus gutem Haus. Vornehme Familie mit Tradition. Nicht einfach reiche Handwerkersleute wie er selbst. Sie hatte nie arbeiten müssen, für Geld arbeiten, für Geld kämpfen, hatte immer genug gehabt. In ihrer Familie, in der vornehmen Familie ihrer Eltern, war man sich bewußt, daß es zwar notwendig und gut ist, viel Geld zu besitzen, aber nicht vornehm, über den Erwerb von Geld zu reden.

»Wirklich sehr schön«, wiederholte sie, lächelte ihm zu und drückte seine Hand.

»Aber dieser Kerjean. Wenn der mir bloß nicht zuletzt noch einen Strich durch die Rechnung macht.«

»Das wird er nicht, wenn du ihm drohst, daß sein Sohn ins Gefängnis wandert. Und daß nur du ihn davor bewahren kannst.«

»Ich hoffe es. Übermorgen um diese Zeit werde ich Bescheid wissen. Übermorgen gehe ich mit dem Anwalt zu ihm.«

Henriette schwieg. Sie schwieg auf eine Art, die Madec beunruhigte. Er begriff, daß ihr etwas mißfiel.

»Was ist denn?« fragte er.

»Ich möchte dir nicht dreinreden, Guy. Aber daß du zu ihm gehen willst, das gefällt mir nicht. Bei sich zu Hause, in seiner gewohnten Umgebung, da fühlt er sich stark und sicher. Du solltest ihn zu dir kommen lassen. Im Gemeindeamt bist du von Anfang an im Vorteil. Das große Büro, dein Schreibtisch, das alles beeindruckt einen kleinen Mann. Dazu der Anwalt aus Brest. Bei sich zu Hause ist er dir überlegen. In deinem Büro nicht.«

Madec staunte wieder einmal, mit welcher Sicherheit Henriette in schwierigen Lagen das Richtige empfand. Er küßte ihre Hand.

»Natürlich«, sagte er. »Daran habe ich nicht gedacht.

Ich lasse ihn aufs Amt kommen. Die beiden andern, die ihr Land verkaufen, auch. Die helfen mir. Das muß einfach klappen.«

»Wenn er sich immer noch sträubt, mußt du eben doch nach Paris fahren. Seine Kinder werden ihn schon zwingen. Ich hoffe für dich, daß du Erfolg hast.«

7

Gaston wurde am andern Tag erst gegen Mittag entlassen. So hatte Duval es angeordnet, und als Morvannou die Zellentür öffnete, erwartete er, einen niedergeschlagenen und kleinlauten Jungen vorzufinden.

Er irrte sich. Gaston war nicht niedergeschlagen. Im Gegenteil: daß er eine Nacht im Gefängnis verbracht hatte, gefiel ihm. Das war etwas vom besten, was er bisher erlebt hatte. Diese fast schlaflose Nacht in fremder Umgebung, hinter vergitterten Fenstern. Er konnte Remi nun berichten, wie die ihn hatten fertigmachen wollen, mit Drohungen und so, aber er hatte nicht nachgegeben und war im Gefängnis gewesen.

»Glaub bloß nicht, daß nun alles vorbei ist«, sagte Morvannou verärgert, als Gaston ging. »Das wird noch Folgen haben.«

»Von mir aus«, erwiderte Gaston. Und er meinte es genauso. Sollten die ihn ruhig einen Monat ins Gefängnis sperren. Bei Wasser und Brot. Wenn Marie-Louise das hörte! Wenn er es ihr nur endlich erzählen konnte. Sie würde ihn bedauern, und vielleicht mehr als das: bewundern!

Er wäre gerne von Marie-Louise bewundert worden, und er dachte: wenn ich einen Monat im Gefängnis säße, würde sie mir sicher schreiben. Ich würde den Brief immer wieder lesen und mich bei jedem Wort fragen: was hat sie damit gemeint? Ich würde ihr auch schreiben. Ich würde ihr schreiben, was ich ihr nicht zu sagen wage: daß ich sie liebe.

Auf dem Heimweg formulierte er schöne Sätze, verwarf sie, entwarf sie neu, die Sätze, mit denen er Marie-Louise seine Liebe gestehen würde.

Als er zu Hause ankam, spürte er – und es war gut, das zu spüren –, daß sie sich Sorgen um ihn gemacht hatten. Odette fragte: »Wie war's? Sehr kalt? Hast du genug zu essen gehabt?«

Sogar der Vater legte ihm die Hand wie unabsichtlich auf die Schulter und sagte: »Nimm es nicht allzu schwer, Junge. Die kriegen uns nicht klein. Wir sind hart im Nehmen. Wir Kerjeans!«

»Sicher. Ich nehm' es auch gar nicht schwer.«

Er lächelte. Wenn Vater und Odette eine Ahnung hätten, wie leicht er das nahm.

»Die wollen mich nämlich bloß fertigmachen«, sagte Jules. »Darum haben sie dich über Nacht behalten.«

Er berichtete von seiner Unterredung mit Madec: daß man von ihm verlangte, er solle das Haus und alles verkaufen, damit man Öltanks bauen könne. Varin und Cochard sollten ebenfalls Land hergeben. Die waren natürlich einverstanden. Aber bei ihm ging es um mehr als ein bißchen Land. Bei ihm ging es um das Haus, in dem er geboren war, in dem er mit seiner Mutter gelebt hatte. Es ging um das Haus, an dem alle seine Erinnerungen hingen.

»Kann man Erinnerungen verkaufen?« fragte er. »Wenn man sonst auf der Welt nichts hat? Oder denkst du, ich soll verkaufen?«

»Nein«, erwiderte Gaston, »das denke ich nicht. Das machst du, wie du willst. Es ist dein Haus. Ich bleibe ja nicht ewig hier. Es kommt auch darauf an, was die zahlen, nicht?«

»Sie werden mich unter Druck setzen.«

»Du läßt dich nicht unter Druck setzen. Du gibst nicht auf. Le Tocquer hat gesagt, man muß dort, wo man lebt, für sein Recht kämpfen. Es ist sicher gut, sich in Afrika oder Asien für die Freiheit einzusetzen. Aber wir leben hier, also müssen wir uns zuerst hier einsetzen. Ich kann es nicht genauso wiederholen, wie er es gesagt hat, aber vielleicht versteht ihr, was er meint.«

»Ich versteh'«, sagte Odette. »Wenn man sich überall vertreiben läßt, weil es heißt, der Fortschritt oder sonst etwas verlangt das, dann ist man am Ende nirgendwo mehr zu Hause.«

»Le Tocquer sagt, der Fuchs gibt seinen Bau auch nicht kampflos preis. Jetzt gehört doch schon die halbe Bretagne den Fremden. Bald gehört sie ihnen ganz.«

»Das ist gut«, sagte Jules. »Das, was Le Tocquer über den Fuchs gesagt hat. Das leuchtet mir ein. Morgen muß ich zum Bürgermeister. Dem werde ich es genauso servieren: der Fuchs gibt seinen Bau nicht kampflos preis.«

Er sagte es dem Bürgermeister auch so. Doch zuerst mußte er eine Viertelstunde im Gang warten. Dort gab es keine Möglichkeit, sich zu setzen. Nur der saubere Fußboden, die frisch gestrichenen weißen Wände, die Fenster, durch die man einen Teil der Kirche sah.

Kerjean hatte sich vorgenommen, sich nicht beeindrukken zu lassen. Er wäre auch nicht beeindruckt gewesen, wenn er sich irgendwo hätte setzen können. Aber daß er stehen mußte, fast nur auf dem rechten Bein, weil im linken Knie wieder mal der ziehende Schmerz bohrte – ein paar Schritte gehen und wieder an die Mauer lehnen –, das zermürbte ihn. Es machte ihn nicht böse, daß man ihn warten ließ, es schüchterte ihn nur ein.

Als der Bürgermeister dann die Tür öffnete, ihn rief, auf der Schwelle wartete mit diesem ausgewogenen Lächeln, Jules seine Hand überließ – nicht etwa seine Hand ergriff und sie schüttelte –, da wurde Jules doch unsicher.

Varin und Cochard saßen bereits im Büro, dem großen Schreibtisch des Bürgermeisters gegenüber. Mit denen hatte er also vorher gesprochen, darum hatte er draußen warten müssen. Die hatten zusammen etwas abgekartet, das zeigten ihm ihre entschlossenen Gesichter.

Madec deutete auf den leeren Stuhl und sagte: »Nimm Platz, Jules.«

Kerjean setzte sich, sofort fühlte er sich sicherer.

»Du weißt«, sagte Madec, »weshalb ich dich hergebeten habe. Es geht um diese Öltanks und was damit zusammenhängt. Um Arbeit und Verdienst für Lornac. Varin und Cochard haben zugesagt, und ich darf wohl annehmen, daß du inzwischen auch zur Einsicht gekommen bist.«

»Du hast etwas Falsches angenommen. Ich verkaufe nicht. Die beiden da, die verkaufen bloß ein Stück Land. Aber ich müßte das Haus hergeben, den Laden, das Hotel. Kannst du dir denn nicht vorstellen, was das für mich heißt: das Haus verkaufen, in dem ich aufgewachsen bin? Die sollen ihre Tanks bauen, wo sie wollen, nur nicht gerade dort, wo mein Haus steht.«

»Es kommt aber ausgerechnet nur dieser Platz in Frage. Wenn sie den Boden nicht bekommen, gehen sie anderswohin, und wir haben das Nachsehen. Du kannst nicht einfach nein sagen. Du kennst ja den Preis noch gar nicht.«

»Wir lassen uns von dir das Geschäft nicht versauen«, sagte Varin. »Komm mir bloß nicht mit deinem Hotel. Wenn das überhaupt noch ein Hotel ist. Wie viele Gäste hast du denn im letzten Sommer gehabt? Wenn es zwanzig waren, waren es viel.«

»Dir geht es bloß ums Geschäft. Für euch zählt nur, was ihr auf die Bank bringen könnt. Würdest du vielleicht dein Haus hergeben?«

»Wenn der Preis hoch genug ist, sicher.«

»Das ist es«, bestätigte Madec. »Der Preis! Alles hat seinen Preis. Ich habe es den Öl-Leuten gesagt, für das Haus müßt ihr einen anständigen Preis zahlen, sonst bin ich nicht bereit, mit Kerjean zu verhandeln. 2,2 Millionen bieten sie! Das ist mehr, als du je hast erwarten dürfen.«

»Viel zuviel«, sagte Varin. »2,2 Millionen. Bar in die

Hand. Wenn du da auch nur eine Sekunde lang zögerst, bist du verrückt.«

Er konnte ihnen nicht klarmachen, daß es nicht um das Geld ging. »Natürlich ist der Preis gut«, sagte er. »Hab' ich vielleicht das Gegenteil behauptet? Ich will nicht verkaufen, weil ich nachher dastehe, als hätte man mir das Hemd vom Leib gerissen. Was soll ich tun? Wo, zum Teufel, soll ich die paar Jahre, die noch vor mir liegen, zubringen? In einem Altersheim? Ich bin nicht alt genug fürs Altersheim.«

»Niemand will dich ins Altersheim schicken. Du und ins Altersheim! Ist ja zum Lachen. Ich bau dir für die Hälfte des Geldes, das sie dir zahlen, ein neues Haus. Irgendwo in Lornac. Ich habe genug Land. Ein nettes Häuschen, in dem auch Platz ist für deine Kinder, wenn die mal zu Besuch kommen. Und mit dem Rest des Geldes kannst du sorgenfrei leben, ohne arbeiten zu müssen. Ohne die Plackerei mit dem Laden. – Also, was sagst du?«

»Nein! Ich sag' nein.«

Cochard, der bisher geschwiegen hatte, sagte: »Du kannst dich nicht weigern. Das geht uns alle an. Das ganze Dorf.«

Jules wußte, das mit dem Fuchs paßte jetzt nicht her, aber er sagte es nun doch. Es machte auf die andern keinen Eindruck.

»Wir können dich zwingen«, sagte Varin. »Das können wir. Und das tun wir. Das ganze Dorf wird gegen dich sein.«

»Wieso?«

»Weil du verhinderst, daß die Leute Arbeit und Geld haben. Keiner kommt mehr einkaufen bei dir. Und deinen Calvados kannst du allein saufen.«

Das konnten die. Sie konnten ihm das Leben zur Hölle machen.

»Man darf auch die Sache mit deinem Sohn nicht vergessen«, sagte Madec sanft und besorgt. »Nicht, daß man dir bös sein will. Ich habe mit dem Herrn Unterpräfekten gesprochen. Er findet, es kommt darauf an, wie man diese Sache ansieht. Man kann sie so oder anders ansehen.«

»Dann seht sie eben anders an«, sagte Kerjean.

Der Anwalt war nicht gekommen. Dabei hatte er versprochen, rechtzeitig dazusein. Und der hätte Kerjean mit seiner Juristensprache einschüchtern sollen.

Aber bevor noch der Bürgermeister etwas entgegnen konnte, wurde an die Tür geklopft, der Anwalt aus Brest streckte den Kopf herein. Madec sprang auf, rief: »Na endlich!« holte aus dem Nebenzimmer einen Stuhl, machte die Herren miteinander bekannt und sagte dann: »Ich war eben dabei, Monsieur Kerjean zu erklären, daß man die Sache mit seinem Sohn von zwei Seiten betrachten kann.«

Das sei gerade der Punkt, meinte der Anwalt, auf den er habe zu sprechen kommen wollen. Aber zuerst müsse er sich für die Verspätung entschuldigen. Der Verkehr heutzutage! Aber nun zu dieser leidigen Sache mit dem Sohn von Monsieur Kerjean. Er habe den Fall studiert, weil der Junge ihm leid tue. Er habe ja selbst auch einen Sohn – im gleichen Alter. Und er sei ja auch einmal jung gewesen, er wisse gut, was in jungen Leuten vorgehe. Im Grunde sei das eine Art Idealismus. Natürlich müsse man beifügen: eine Art von irregeleitetem Idealismus.

»Glauben Sie, daß die Sache Folgen haben kann?« fragte Madec.

»Sicher. – Mir tut das leid. Ehrlich.«

Er machte ein bekümmertes Gesicht, und alle konnten sehen, wie leid es ihm tat.

Kerjean fragte: »Was für Folgen sollte das denn haben?«

Der Anwalt ließ sich Zeit. Er war geradezu ein Meister im Hinauszögern. Sie schauten ihn erwartungsvoll an, und er schwieg. Er schwieg nicht einfach, man sah ihm an, er rang mit einem Entschluß: Sollte, durfte, mußte er dem Vater die Wahrheit sagen? Er entschied sich offenbar schweren Herzens dafür: »Es kommt ganz darauf an, wie Richter und Staatsanwalt die Sache betrachten. Man kann es als eine leichte Verfehlung ansehen, als Beschädigung öffentlichen Eigentums zum Beispiel. Da käme Ihr Sohn zweifellos mit einer kleinen Strafe weg. Es kann aber auch ganz anders kommen. Wenn der Staatsanwalt zum Beispiel Aufwiegelung annimmt, Auflehnung gegen die Staatsgewalt, Aufforderung zum Umsturz gar, dann wird Ihr Sohn mit einer längeren Gefängnisstrafe rechnen müssen. Jugendstrafe versteht sich. Aber trotzdem.«

In diesem Fall, dachte Kerjean, in diesem Fall könnten sie mich tatsächlich fertigmachen. Wahrscheinlich würde ich das nicht durchstehen. Er versuchte sich vorzustellen, daß Gaston im Gefängnis säße, und er versuchte sich zu trösten: er geht ja ohnehin bald von mir weg, und ich bleibe allein zurück. – Ja, aber er geht doch nicht in eine Strafanstalt, da liegt der ganze Unterschied. Wenn es soweit kommt, muß ich einen Anwalt nehmen. Den besten Anwalt, gleichgültig, was es kostet. Dann würde ich sogar das Haus verkaufen, um den Anwalt zu zahlen. Da könnte ich es aber ebensogut jetzt schon verkaufen. Zu einem viel höheren Preis. Sonst habe ich auf einmal weder den Sohn noch das Haus.

»Wir wollen doch nicht mit dem Schlimmsten rechnen«, sagte Madec. Der Anwalt pflichtete ihm bei. Am vorteilhaftesten wäre es, meinte er, wenn man den Herrn Staatsanwalt dazu bewegen könnte, gar nicht erst Anklage zu erheben. Da müßte man allerdings erst einmal mit ihm reden. Im Vertrauen. Er kenne den Herrn Staatsanwalt sehr gut, sie hätten zusammen studiert. Natürlich wäre es grundsätzlich möglich ... aber eben ...

Kerjean begriff. Er begriff, daß es lächerlich war, den um Hilfe zu bitten. Dennoch fragte er schüchtern: »Würden Sie meinen Sohn verteidigen, wenn es zu einem Prozeß käme?«

»Nein«, rief der Anwalt so laut und entrüstet, als habe

Kerjean eben etwas Unanständiges verlangt. »Das können Sie von mir nicht erwarten. Das nicht. Es geht mir – wie Sie wohl wissen – nicht um das Honorar. Mir geht es um Grundsätzliches. Und um die Moral.«

»Vielleicht lassen Sie doch mit sich reden«, meinte Madec und lächelte fein. »Ich meine, wenn Kerjean seine starrköpfige Haltung aufgibt, die dem Dorf soviel Schaden zufügt. Wenn er sich sozialer zeigen würde.«

»Wenn ich also verkaufen würde, wären Sie bereit, meinen Sohn zu verteidigen?«

»Mein lieber Freund«, rief der Anwalt und machte plötzlich ein ganz erleichtertes Gesicht, »wenn Sie sich entschließen könnten, Ihre persönlichen Vorteile hinter das allgemeine Interesse zu stellen, dann würde es höchstwahrscheinlich zu gar keinem Prozeß kommen. Dann werde ich persönlich mit dem Herrn Staatsanwalt sprechen. Ich werde ihm versichern können, daß Sie ein guter Franzose sind, dem Allgemeinwohl über Eigennutz geht. Ich kann Ihnen heute schon mein Wort geben: dann gibt es gar keinen Prozeß. Für Ihren Sohn nicht und für die beiden anderen jungen Männer auch nicht.«

»Also auch für Louis nicht?« fragte Varin.

»Sicher nicht. Der Herr Staatsanwalt ist mir seit langem eine Gefälligkeit schuldig. Er wird mir diese Bitte bestimmt nicht abschlagen.«

»Aber nur, wenn Kerjean verkauft«, fügte Madec bei.

»Also, Jules, worauf wartest du eigentlich noch?« fragte Varin.

»Begreifst du immer noch nicht, was du zu tun hast?«

»Du hast leicht reden: du verkaufst ein Stück Land, das du ohnehin seit langem gerne los wärst. Aber ich verkaufe mein Haus. Wenn ich das Haus verkauft habe, komme ich mir vor wie ein Zigeuner, wie ein Nomade.«

»Ich sag' dir bloß eines: wenn Louis deinetwegen ins Gefängnis kommt, dann zünde ich dir deine Dreckhütte unter dem Arsch an. Dann bist du auch ein Zigeuner und hast nicht mal Geld in der Tasche.«

»Bitte keine Drohungen«, sagte der Bürgermeister sanft. »Jedenfalls nicht in meiner Gegenwart.«

Kerjean war nun klar, was ihn erwartete. Er stand auf, sagte leise »adieu« und verließ den Raum. Als er auf die Straße trat, wußte er auf einmal, daß er sich an diesen Augenblick sein ganzes Leben lang erinnern würde: genau an diesen Augenblick – wie er auf die Straße trat, die Hände tief in der alten Kanadierjacke vergraben, die Schirmmütze in der Stirne –, wie er jetzt stehenblieb, sich umsah, dann eine Zigarette anzündete, mit den Händen eine Muschel formte, damit der Wind das Streichholz nicht ausblies.

Es gibt solche Augenblicke. Jeder kennt sie. Es sind kleine Dinge. Und doch weiß man: das bleibt in mir haften.

Kerjean blieb unschlüssig stehen. Er hatte keine Lust, heimzukehren. Er hatte nicht die geringste Lust, jetzt in den Laden zu gehen, Gaston hinter dem Verkaufstisch zu sehen, wie er Reis abfüllte, wie er dann diese winzigen Beträge zusammenzählte: 1,65 und 95 Centimes – und danke Madame Perrier, auf Wiedersehen, Madame Perrier.

Nein, dazu hatte er jetzt keine Lust. Zu nichts hatte er Lust, aber dazu am allerwenigsten. Weil er selber verdammt gut wußte, daß das keine Beschäftigung für einen Jungen wie Gaston war. Und weil es auch aus diesem Grund am besten war, wenn er verkaufte. Am besten für alle: für Gaston, den Bürgermeister, den Anwalt, die Leute im Dorf, für die amerikanische Gesellschaft. Auch für Yves und Anne.

Er war weitergegangen, hatte nicht auf den Weg geachtet. Er kam zum Hafen, wo die Boote, eines neben dem andern vertäut lagen. Nur die älteren Boote freilich. Die paar modernen Segeljachten und die kleinen schnellen Boote, mit denen man im Sommer die Küste entlangfuhr, die waren im Spätherbst weggebracht worden.

Sein altes Fischerboot lag fast am Ende der Mole.

Nirgendwo war ein Mensch zu sehen. Er setzte sich bei seinem Boot an den Molenrand. Es wäre gut, dachte er, mit dem Schiff hinauszufahren – den Tank zu füllen und hinauszufahren, immer westwärts, bis der Tank leer ist. Sich im Sturm treiben zu lassen. Er spielte mit dem Gedanken, aber er wußte, daß er es nicht tun würde. Vielleicht aus Angst? – Oder hielt ihn etwas zurück? Etwas oder jemand? Im Ernst jedenfalls dachte er nicht daran, seinem Leben ein Ende zu machen, aber daran dachte er, als er bei seinem Boot saß und die Beine baumeln ließ: daß es verflucht schwer war, alt zu werden.

Die Kinder weg, dachte er, das Haus weg, das Boot auch. Ich könnte auf dem Mond nicht einsamer sein.

Es war dunkel, als er aufstand. Er spürte sein Knie wegen der Kälte jetzt stärker. Langsam ging er heim. Sonst, wenn er ein paar hundert Schritte gegangen war, ließ der Schmerz im Knie ein wenig nach. Diesmal nicht. Diesmal blieb er, und Jules war froh, als er endlich sein Haus sah.

In der Bar saßen ein paar Gäste. Nur wenige Männer. Er warf im Vorübergehen einen Blick durchs Fenster. Er kannte sie alle. Er mochte mit keinem reden, keinem guten Abend sagen. Odette war nicht zu sehen, das wunderte ihn. Gaston auch nicht. Er ging ums Haus herum, trat hinten ein, sah Licht in der Küche, öffnete die Tür. Sie saßen beide stumm vor dem leeren Tisch.

»Was ist denn?« fragte er beim Eintreten. »Was ist mit euch los?«

»Ach, da bist du ja«, rief Gaston. »Wo, zum Teufel, bist du denn gewesen?«

Odette war weniger stürmisch, aber sie zeigte ihre Erleichterung noch deutlicher als Gaston: »Wir haben uns Sorgen gemacht«, sagte sie.

Dann waren die also doch froh, daß sie ihn wiederhatten. Es freute ihn. Es entschädigte ihn ein bißchen für die Unterredung beim Bürgermeister und für die Stunde

Einsamkeit am Hafen unten. Odette sagte jetzt: »Ich geh' in die Bar. Heute abend sind ziemlich viele Gäste da.«

»Ich habe sie gesehen«, sagte Jules. »Bleib, Odette! Die kennen mich alle, die rufen, wenn sie etwas wollen. Ich habe mit euch zu reden. Ich muß einfach mit jemandem darüber reden.«

»Worüber?«

»Sie wollen mich zwingen, das Haus zu verkaufen. Sie wollen mich zwingen, und ich fürchte, sie können mich zwingen.«

Er setzte sich zu ihnen an den Tisch. Odette stellte Teller und Tasse hin, schenkte ihm ein. Während er aß, begann er zu berichten. Er versuchte, alles wie von fern zu erzählen, mit einer Gleichmütigkeit, als ginge es ihn nichts an. »Die wollen also unbedingt das Haus haben. Die zahlen eine unsinnig hohe Summe.«

»Wieviel genau?« fragte Gaston.

»Was denkst du? – Und du, Odette?«

Sie wollten nicht raten, er sagte nun: »Die zahlen mehr als zwei Millionen.«

Der Preis beeindruckte sie merkwürdigerweise nicht. Die sind zu jung, dachte Jules, die haben keine Ahnung vom Wert des Geldes. Yves würde nicht so ruhig dasitzen, wenn er das hörte. Und sein Schwager schon gar nicht. Der würde aufspringen, als hätte man ihm eine Rakete unter dem Hintern angezündet. Aber die zwei waren noch Kinder: denen konnte man sagen, eine Million oder sechs Millionen, die nickten bloß und hatten anderes im Kopf. Er erklärte ihnen nun, daß er einen so hohen Preis nie mehr erzielen würde. »Also, was meint ihr? Wenn man vernünftig denkt, muß man sagen, es wäre unsinnig, die Gelegenheit nicht zu ergreifen. Aber ich möchte hören, wie ihr darüber denkt.«

Er wollte so tun, als habe der hohe Preis ihn umgestimmt. Er wollte ihre Ansicht erfahren, und doch fürchtete er, sie könnten antworten: Ja, dann mußt du verkaufen.

Sie waren auch jetzt nicht sonderlich beeindruckt. Wahrscheinlich glaubten sie nicht richtig daran, daß er bereit sei, sein Haus herzugeben.

»Was sagst du dazu, Gaston?« fragte er schließlich.

»Das mußt du doch entscheiden. Auf jeden Fall ist es viel Geld.«

»Und du, Odette?«

»Mich geht das nichts an, ich kann da nicht mitreden.«

»Dich geht es nichts an! – Tu doch nicht so, als wärst du hier bloß eine Angestellte. Sag, was du denkst.«

»Ja«, meinte Odette. »Der Preis ist sicher hoch. Aber es kommt ja nicht nur darauf an.«

»Worauf denn noch? Alles hat seinen Preis, sagte Madec.«

»Für Madec schon«, sagte Odette. »Aber ich kenne Sie doch gut genug. Sie wollen ja gar nicht verkaufen.«

»Du hast recht. Ich möchte nicht. Was aber tu' ich, wenn die mich zwingen?«

»Die können dich doch nicht zwingen«, sagte Gaston. »Wie sollten die dich zwingen können?«

»Ein paar gute Trümpfe haben die in der Hand. Du zum Beispiel bist so ein Trumpf. Die haben ihre Beziehungen. Die können dafür sorgen, daß du ins Gefängnis wanderst. Aber die können auch dafür sorgen, daß die Sache fallengelassen wird. Und kein Schwanz kümmert sich mehr um euren Blödsinn. Mit Beziehungen kann man alles machen.«

»Ich seh' jetzt ein, daß das dumm war«, sagte Gaston. »Aber meinetwegen mußt du nicht nachgeben, mir macht das nicht viel aus, wenn ich ins Gefängnis komme.«

Er dachte an Marie-Louise, die vielleicht nachher sagen würde, mit einem, der im Gefängnis war, verkehre ich nicht mehr. Aber vielleicht würde sie dann erst recht zu ihm halten, und in diesem Fall lohnte es sich, ein paar Tage oder auch länger ins Gefängnis zu gehen. Man müßte Marie-Louise besser kennen, dachte er.

Odette sagte: »Ich würde nicht nachgeben. Die denken, mit ihrem Geld können sie einfach alles kaufen.«

»Ich sehe es auch so«, sagte Jules. »Aber ich wollte doch eure Meinung hören. Schließlich geht es ja um Gastons Geld. Und vielleicht noch um viel mehr als bloß um das Geld, das er einmal erben wird. – Ich verkaufe nicht. Aber eines sage ich euch: schwer wird es werden. Die versuchen uns kaputtzumachen. Alle. Das ganze Dorf wird gegen uns sein. Nicht bloß Madec.«

8

Man hätte unmöglich sagen können, wie oder wann genau es anfing. Weder Jules noch Gaston oder Odette spürten den Beginn. Vielleicht, wenn Gaston besonders darauf geachtet hätte, wäre ihm aufgefallen, daß die Kundinnen weniger lange im Laden blieben.

Sie merkten es erst, als die Bar zwei Tage lang leer blieb, als auch der Laden leer blieb. Es kam höchstens noch eine Kundin aus der Nachbarschaft, wenn sie dringend etwas brauchte und deswegen nicht ins Dorf gehen mochte. Dann sah die Frau sich erst nach allen Seiten um, ehe sie in den Laden trat. Man »ging« einfach nicht mehr zu Kerjean. Man hatte sich nicht verabredet, aber jedermann wußte, daß Kerjean sich gegen den Fortschritt sträubte und dadurch die Bemühungen des Bürgermeisters zunichte machte, Arbeit und Verdienst ins Dorf zu bringen. Arbeit und Verdienst aber brauchten die Leute von Lornac dringender als irgend etwas anderes. Nur noch ein paar alte Männer wagten sich zum Fischfang aufs Meer hinaus und kehrten jedesmal frühmorgens mit spärlicher Beute heim. Das Meer war weit herum ausgebeutet.

Am Samstagabend wartete Gaston bei der Kirche auf Marie-Louise. Wenn er es einrichten konnte, wartete er jeden Samstag bei der Kirche auf sie. Von ihrem Ladentisch aus konnte sie ihn auf der andern Seite des Platzes sehen. Er hoffte, sie würde zu ihm herüberblicken, während er wartete, sie würde sozusagen nichts anderes tun als herblicken. Er zündete sich eine Zigarette an, ging ein paar Schritte hin und her und versuchte, gelassen zu wirken. Wenn er vor der Kirche auf Marie-Louise wartete, kam er sich vor wie ein Schauspieler auf der Bühne, der tausend Augenpaare auf sich gerichtet weiß. Er kam, wenn es sich machen ließ, stets eine halbe Stunde zu früh. Die Zeit verging langsam. Es machte ihm nichts aus. Er genoß eine halbe Stunde lang die Vorfreude.

Um sechs Uhr oder ein wenig später trat Marie-Louise dann aus dem Laden, kam über den Platz, weil auch die Bus-Station auf dieser Seite lag. Sie tat so, als habe sie Gaston noch nicht bemerkt. Sie ging auf den Bus zu, und dann war es wie Zufall, wenn sie sich umdrehte und ihn nun doch sah und überrascht war.

»Hast du auf mich gewartet?« fragte sie dann.

»Natürlich. Ist es dir nicht recht?«

»Doch, doch. Bist du mit dem Mofa hier?«

»Ja. Soll ich dich nach Hause fahren?«

Es war immer dasselbe. Dieselben Fragen, dieselben Antworten. Erst zögerte Marie-Louise noch ein wenig, als gebe es etwas zu überlegen, sagte dann: »Wenn du willst«, und lachte zum erstenmal. Sie konnte schön lachen. Sie gefiel Gaston immer, aber am meisten gefiel sie ihm, wenn sie lachte.

Sie lebte bei ihren Eltern auf einem Bauernhof, ein paar Kilometer im Landesinnern. Wenn Gaston sie am Samstag nicht mit seinem Mofa abholte, dann mußte sie bis kurz vor sieben warten, bis der nächste Bus fuhr.

Sie setzte sich hinten auf sein Mofa, legte die Arme um ihn, das Kinn auf seine Schulter. Dann fuhr er los. Ihm war kalt, er hatte zu lange draußen gewartet. Aber nun spürte er die Wärme ihres Körpers in seinem Rücken, den leisen Druck ihrer Arme. Ihren Atem spürte er wie eine Liebkosung an seinem Hals. Er fuhr stets langsam. Er wollte diese fünf Kilometer auskosten. Hin und wieder fragte sie am Ende der Fahrt: »Willst du noch ein wenig hereinkommen?«

Er hoffte während der Fahrt immer, sie würde fragen. Manchmal sagte sie nur mit halb abgewandtem Gesicht »salut« und sah nicht mal zu, wie er das Fahrzeug wendete und abfuhr. Aber wenn sie fragte, nickte er zustimmend.

Ihre Eltern hatten nichts dagegen, daß sie ihn hin und wieder einlud. Der Vater brachte dann Most in einem steinernen Krug, man setzte sich an den Tisch, trank Most, aß Brot und Käse dazu. Gaston blickte zu Marie-Louise hinüber, während er den Most trank.

Nicht immer fragte sie. Man wußte es vorher nie. Deshalb fuhr er auch an diesem Samstag langsam und genoß die Fahrt. Sie hatte ihr Gesicht an seines gelegt, sie küßte ihn leicht auf die Wange. Nur ganz leicht, fast kein Kuß war das. Aber er hielt an. Sie fragte: »Was ist?« Sie wußte es, sie fragte nur zum Schein. Ihr Gesicht war ganz dicht an seinem. Sie küßten sich. Sie klammerte sich fester an ihn, er ließ die Lenkstange nicht los. Es wurde ein scheuer, fast ein strenger Kuß.

Dann fuhr er gleich weiter, sie sprachen kein Wort mehr. Vor dem Haus fragte sie: »Willst du noch ein wenig hereinkommen?«

Die Eltern waren in der Küche. »Setz dich an den Tisch, Gaston«, sagte die Mutter. »Hier ist es am wärmsten.« Der Vater holte Most. Marie-Louise stellte die Gläser hin, die Mutter brachte diesmal ein paar Scheiben bretonischen Schinken. Sie aßen schweigend. Gaston störte es nicht. Aber Marie-Louise fragte plötzlich: »Was habt ihr?«

»Wir?« fragte die Mutter zurück. »Wieso?«

»Weil ihr so still seid.«

Nach einem Räuspern sagte der Vater: »Wie man hört, will dein Vater verkaufen.«

»Nein«, erwiderte Gaston. »Das stimmt nicht.«

»Es soll dort eine Fabrik gebaut werden, damit die Leute Arbeit haben.«

»Öltanks wollen sie bauen. Aber Vater verkauft sein Haus nicht.«

Er erwartete Zustimmung. Weil niemand antwortete, blickte er sie an, er sah ihre leeren Gesichter, die nichts ausdrückten, weder Zustimmung noch Ablehnung. Ihre kauenden, leeren Gesichter. Auch Marie-Louise hatte die Augen gesenkt. Da wußte Gaston, daß sie darüber schon gesprochen hatten. Wenn sie hier draußen schon über den Verkauf des Hotels gesprochen hatten, dann sicher auch in jeder Familie in Lornac. Und in diesem Augenblick begriff Gaston, weshalb weniger Kundinnen in den Laden kamen. Die wollten alle, daß sein Vater verkaufte.

»Vater verkauft nicht«, sagte er noch einmal. »Warum sollte er sein Haus verkaufen?«

»Weil es Geld ins Dorf bringt«, erwiderte die Mutter. »Das haben wir alle nötig.«

»Mir ist es ja gleich, ob er verkauft oder nicht«, sagte Gaston. Er wollte mit ihren Eltern keinen Streit. Mit Marie-Louise schon gar nicht. Eigentlich, dachte er, ist es mir tatsächlich gleichgültig. Ich bleibe sowieso nicht ewig hier.

»Wieviel wollen sie denn zahlen?« fragte der Vater.

Gaston zögerte einen Augenblick. Sie hatten jetzt die Köpfe gehoben und blickten ihn an. »Viel«, sagte er. »Ich glaube, so um die zwei Millionen.«

»Ist ja unglaublich«, sagte der Vater. »Und da zögert der noch. Der spinnt wohl.«

Gaston mochte nicht widersprechen. Verkaufen oder nicht verkaufen, das war ihm im Augenblick gleichgültig. Nur Marie-Louise zählte. Deshalb durfte er nicht widersprechen, als nun ihr Vater noch einmal sagte: »Der spinnt.«

Er sah Marie-Louise an, und als sie es merkte, sagte sie leichthin: »Das ist viel Geld. Da seid ihr ja jetzt reich.«

Er blieb nicht lange. Ein Gespräch, ein richtiges, wollte nicht zustande kommen. Nur so obenhin sagte man Sätze, die einen nichts angingen. Sogar Marie-Louise war fremd heute, anders als sonst. Er stand bald auf, sagte: »So, jetzt muß ich gehen, weil ...«

Er brauchte sich nicht für sein frühes Gehen zu entschuldigen. Als er sich hastig verabschiedete, spürte er eine Kluft zwischen sich und ihnen, fast wie eine unsichtbare Mauer. Weil vielleicht einer, dem man zwei Millionen anbietet und der sich weigert, sie zu nehmen, weil so einer vielleicht verrückt ist. Und dann ist es wohl am besten, man hat mit dem – und auch mit seinem Sohn – nichts zu tun. Man will ja schließlich nicht ins Gerede kommen. Man tut, was alle andern auch tun, man geht nicht mehr zu Kerjean, nicht in die Bar und nicht in den Laden.

Aus diesem Verhalten der Leute von Lornac hätte Jules merken müssen, daß die Stimmung im Dorf deutlich gegen ihn war. Varin hatte ihn gewarnt: »Wir machen dich fertig, ich zünde dir die Hütte unter dem Arsch an.« Auch Madec hatte ihn gewarnt: »Ich bin gegen Gewalt, aber wie lange ich die Leute werde zurückhalten können, weiß ich nicht.« Tatsächlich hoffte der Bürgermeister auch, man werde nicht gezwungen sein, zu diesen letzten Mitteln zu greifen, es genügte, wenn man die Leute sachte gegen Kerjean aufhetzte.

Der Anwalt in Brest drängte auf rasche Entscheidung. Madec vertröstete ihn. Solche Sachen müsse man reifen lassen. »Das ist wie ein Abszeß«, sagte er, »da kann man nur warten, bis er platzt.« Kerjean, sagte Madec, werde bald einmal spüren, daß man ihn im Dorf wie einen Aussätzigen behandle. Dazu komme noch die Drohung gegen seinen Sohn. Bestimmt werde er nachgeben, aber überstürzen dürfe man nichts.

Man wartete drei Wochen. Madec hatte vorausgesagt: »Ende Februar ist er reif. Da ist er reif wie eine Pflaume, man braucht ihn nur noch zu pflücken.«

Und dann, als Ende Februar oder schon Anfang März Kerjean immer noch kein Zeichen von »Reife« zeigte und nichts darauf hindeutete, daß er bald nachgeben würde, hielt Madec es nicht mehr aus. Er sagte zu seiner Frau: »Diese Ungewißheit macht mich krank«, und Henriette, besonnen wie immer, überlegen auch und schon fast gütig in ihrer Überlegenheit, antwortete: »Ruf ihn doch mal an.«

Er konnte kaum noch an etwas anderes denken als an das große Geschäft. Die üblichen Routinegeschäfte waren ihm zuwider, auch die Arbeit auf dem Bürgermeisteramt langweilte ihn, weil jeder Tag die große Entscheidung bringen konnte. Oder auch die große Enttäuschung.

Er rief Kerjean an, obwohl er sich geschworen hatte, den rufe er nicht an. Aber Kerjean war nicht zu Hause. Nur dieses Mädchen aus der Nachbarschaft, diese Odette. Was konnte die schon wissen: Monsieur Kerjean sei ausgegangen. Was das heiße: ausgegangen, wollte er wissen. Wann er zurückkomme?

Odette wußte es nicht. Sie möge Kerjean ausrichten, der Bürgermeister habe angerufen. Er könne unmöglich länger warten, er brauche nun Kerjeans Zusage in den allernächsten Tagen.

»Ich glaube, er wird nicht zusagen«, meinte Odette.

»Wieso nicht?«

»Ich glaube, er will nicht verkaufen.«

»Dummes Zeug! Er muß doch auch gemerkt haben, daß das ganze Dorf gegen ihn ist. Ich kann die Leute kaum mehr zurückhalten, daß sie nicht hinausgehen und ihm die Scheiben einschlagen. Und bei dieser Gelegenheit will ich Ihnen persönlich noch dies sagen: Es ist unverständlich und unverzeihlich, daß Sie immer noch bei Kerjean arbeiten. Hat denn Ihr Vater Ihnen das nicht verboten?«

»Doch. Aber vorläufig bleibe ich trotzdem hier.«

»Nun gut, das ist Ihre Sache. Und die Ihres Vaters. Richten Sie Jules aus, er soll mich sofort anrufen, wenn er zurückkommt.«

Odette richtete es aus. Jules fragte: »Was will er denn?«

»Er sagt, er kann nicht länger auf Ihre Zusage warten. Die Gesellschaft drängt.«

»Soll er sie doch drängen lassen. Er weiß ja, daß ich nicht verkaufe.«

»Ich habe es ihm bereits gesagt, aber wahrscheinlich möchte er es von Ihnen selber hören.«

Sie stand jetzt dicht vor ihm, sie lächelte freundlich wie immer, das blonde Haar breit über den Rücken gefächert. Jules dachte auf einmal – und er hatte keine Ahnung, woher dieser Gedanke kam –, ich möchte sie küssen. Ich möchte sie küssen, dachte er, und wahrscheinlich würde sie sich nicht einmal wehren. Sie ließe es aus Höflichkeit geschehen. So, wie ich es aus Höflichkeit als Kind habe geschehen lassen, wenn Tante Ariane mich küßte. Und erst wenn Tante Ariane sich abgewandt hatte, habe ich die Wangen mit dem Rockärmel geputzt. Weil sie so feuchte Lippen hatte. Komisch, daß er plötzlich Lust hatte, dieses Mädchen zu küssen, das seinen Sohn liebte, das gegen jede Vernunft Yves liebte. Und der wollte nichts von ihr wissen. Oder vielleicht wollte er sogar etwas von ihr wissen, aber noch viel mehr lag ihm seine Karriere am Herzen. – Beides kann man wohl nicht, dachte Jules, als er so dicht vor Odette stand, so ein Mädchen lieben und gleichzeitig Karriere machen.

»Ich möchte wissen, was in so einem Menschen vorgeht«, sagte er schließlich.

»Er will eben, daß Sie verkaufen, er denkt an das Geschäft.«

»Ich meine doch nicht Madec. Ich meine Yves.«

»Yves? Was hat denn das mit Yves zu tun?«

»Ja eben. – Warum, zum Teufel, kommt der nicht zurück und heiratet dich?«

9

Das konnte man sich unmöglich gefallen lassen! Daß sich da einer mit seinem dicken Keltenschädel gegen das ganze Dorf stemmte, gegen Fortschritt und Arbeitsbeschaffung – auch gegen die ausdrücklichen Anordnungen des Bürgermeisters. Wenn das Demokratie sein soll, daß Eigennutz vor Gemeinnutz geht, dann konnte man nur sagen: ich pfeife auf eine solche Demokratie!

Eigentlich müßte ich noch mal zu ihm gehen und mit ihm reden, dachte Madec. Von Mann zu Mann. Im Interesse des Ortes müßte ich es tun. Aber der will ja nicht begreifen. Er weiß, daß er mir das größte Geschäft versaut mit seiner Weigerung. Darum tut er es. So ein gemeiner Hund!

Madec stand im ersten Stock seines Hauses am Erkerfenster. Er blickte auf das stahlgraue Meer hinaus. Er liebte diesen Ausblick. Er liebte das Meer, wenn es stürmte, er liebte es, wenn es still und grau wie eine riesige Schieferplatte vor ihm lag. Er liebte auch das Dorf und die Leute hier, die ihn zum Bürgermeister gewählt hatten. Oder wenigstens in den Gemeinderat hatten sie ihn gewählt, zum Bürgermeister hatten ihn dann seine Ratskollegen gemacht.

Madec war, als er so dastand und aufs Meer hinausblickte, davon überzeugt, daß alles, was er zum Gelingen des großen Planes getan hatte und noch tun würde, dem Ort, der Region, ja der ganzen Bretagne diente. Öl bedeutet Energie. Energie bedeutet Industrie und damit Arbeit für alle. Wenn dabei auch etwas für ihn heraussprang, konnte niemand etwas dagegen einwenden. Immerhin lebte man in der freien Welt, da konnte jeder Geschäfte machen, wie es ihm beliebte. Innerhalb gewisser Grenzen selbstverständlich. Aber das wollte Kerjean nicht verstehen. Vielleicht durfte man es ihm nicht einmal übelnehmen. Der hatte nur sein kleines, schäbiges Hotel im Blick, von den großen Zusammenhängen begriff der nichts. Kleinkariert und spießig war der – den mußte man zum Nachgeben zwingen.

Wenn sich alles so abspielte, wie Madec es vorgesehen hatte, würden bei dem Projekt ungefähr zwei Millionen für ihn rausspringen. Aber das war nicht die Hauptsache. Geld allein macht nicht glücklich, sagte er oft. Er hatte genug Geld. Der Gewinn an dem Geschäft machte nur einen Bruchteil jener Summe aus, die auf seinem Bankkonto lag. Und tatsächlich bereitete ihm im Augenblick sein Ansehen in der Gemeinde mehr Sorge als die zwei Millionen, die in Frage standen. Jeder im Dorf wußte jetzt, daß es sich um eine persönliche Auseinandersetzung zwischen dem Bürgermeister und einem halb verlumpten Hotelbesitzer am Rande des Dorfes handelte. Wenn Kerjean diesen Kampf gewann, wie stand es dann um sein Ansehen, um seine Zukunft als Gemeinderat? Als Bürgermeister?

Henriette trat ins Zimmer, sah ihn am Fenster stehen, vorgebeugt, mit eingezogenem Kopf, und wußte, daß ihn schwere Sorgen drückten. Dann sprach sie besser nicht mit ihm. Sie konnte einfach leise hinausgehen oder sich in eine Ecke setzen. Nur nicht mit ihm reden, ehe er selber anfing.

Sie blieb, dachte einen Augenblick daran, eine Handarbeit zu holen, weil nichts so sehr häusliche Eintracht und Harmonie zeigt wie eine Frau mit ihrer Handarbeit.

»Ich gehe nach Paris«, sagte Madec mit abgewandtem Kopf. »Ich will mit beiden reden.«

»Mit wem?« fragte sie.

Sie wußte, wen er meinte. Sie wußte auch, wenn er in solcher Stimmung war und zu reden anfing, mußte man ihn zum Weiterreden ermuntern, dann war er bald wieder der alte, gut gelaunt und voll Tatendrang. Daher fragte sie – obschon sie es wußte: »Mit wem?«

»Mit seinen Kindern. Er hat eine Tochter in Paris. Die ist dort verheiratet. Sein älterer Sohn ist auch dort. Ich werde den beiden erklären, daß ihr Vater im Begriff steht, die größte Dummheit seines Lebens zu machen. Nicht nur eine Dummheit – ein Verbrechen geradezu an seinen Kindern. Und an den Mitbürgern. Wenn die die Summe kennen, die für das Hotel geboten wird, kommen die gleich her. Und dann müßte es doch mit dem Teufel zugehen, wenn die den Alten nicht dazu brächten, daß er in den Verkauf einwilligt.«

»Du hast recht, Guy«, erwiderte Henriette. »Am besten redest du mit ihnen.«

Sie nannte ihn selten beim Vornamen, eigentlich nur dann, wenn sie ihm zeigen wollte, wie sehr sie sich mit ihm verbunden fühlte. Tatsächlich war sie in dieser Angelegenheit ganz und gar mit ihm einverstanden. Sogar mit seiner Reise nach Paris, obgleich sie im allgemeinen immer etwas gegen seine Parisreisen einzuwenden hatte. Weil Paris für einen Mann von seinem Temperament gefährlich war. Aber kleine Bedenken mußten nun einfach zurückgestellt werden, wo es um so viel Geld ging. Und vielleicht auch um das Ansehen ihres Mannes. Und damit um ihr eigenes. Vielleicht stand sogar seine Wiederwahl auf dem Spiel, wenn es ihm nicht gelang, hier seinen Willen gegen Kerjean durchzusetzen.

Madec war bei seinen Freunden und im Amt bekannt dafür, daß er rasche Entschlüsse fassen konnte. Rasche und richtige Entschlüsse, wie sich später dann immer herausstellte. Er rief im Büro an: »Ich bin morgen und wahrscheinlich übermorgen nicht da. Ich fahre nach Paris. Wenn etwas ist, kann man mich im Hotel Victor Hugo erreichen. Aber bitte nur in dringenden Fällen.«

Er hatte ausgerechnet, daß er bereits um drei Uhr im Hotel sein konnte. Aber es wurde fünf. Die Straßen in der Bretagne sind eng und kurvenreich. Wenn man einen Lastwagen vor sich hat, kann auch ein Madec mit seinem Mercedes 280 nicht ohne weiteres überholen. Und in Paris hatte er Mühe gehabt, den Wagen zu parken. Wie immer fuhr er zuerst in die unterirdische Garage bei der Porte d'Orléans. Die war besetzt. Er hätte weiterfahren können, unterirdische Parkplätze gibt es in den Außenbezirken von Paris eine Menge. Aber er wartete dann doch, bis einer wegfuhr.

Mit der Metro dann ins Hotel, hinaus nach Passy, wo die Straßen ein bißchen ruhiger sind. Aber doch nicht zu vergleichen mit dem, was man sich in einem Dorf in der westlichen Bretagne unter einer ruhigen Straße vorstellt. Dieses eigenartige Gefühl: mit der Metro fahren. Den nicht zu beschreibenden Geruch der Untergrundbahn in der Nase, diese Mischung aus Metallstaub und tausend anderen Gerüchen.

Der Mann am Empfangsschalter im Hotel kannte ihn noch, grüßte nicht bloß mit »bonjour Monsieur«. Er wußte sogar seinen Namen: »Bonjour Monsieur Madec.« So etwas freut einen. Man ließ sich selbstverständlich nichts anmerken.

»Eigentlich sind wir besetzt, Monsieur Madec. Aber für Sie haben wir immer noch ein ruhiges Zimmer.«

Auch das war angenehm und ein gutes Trinkgeld wert. Das Zimmer ging nach hinten, in einen kleinen Garten oder Hof. Er durfte hoffen, nachts nicht durch allzuviel Straßenlärm geweckt zu werden.

Madec nahm eine Dusche, legte sich aufs Bett, dachte darüber nach, wie er es ihnen am besten beibringen sollte. Es konnte kein Kunststück sein, Kerjeans Kinder für den Verkauf zu begeistern. Die waren sicher vernünftig und scharf auf das Geld. Er wollte bei Morin essen, nachher konnte man in aller Ruhe reden. Er dachte auch an den heutigen Abend. Was tun? Sich amüsieren? Ins »Crazy Horse« gehen? Oder in ein anderes Kabarett? Er war nicht in der Stimmung, eine Revue anzusehen, die waren alle auf amerikanisch getrimmt. Lieber irgendwo gut essen, vielleicht im »Tour d'Argent« oder im »Lasserre«. Nein, auch das besser nicht. Er hatte keine Lust, gut zu essen, es machte keinen Spaß. Er dachte, allein mache ihm überhaupt kaum etwas Spaß. Das war nun ein ganz neuer Gedanke: daß er allein nichts genießen mochte, daß er jemanden dabei haben mußte, mit dem er eine Freude teilen konnte. Henriette fehlte ihm. Zum ersten Mal fehlte ihm seine Frau in Paris.

Er ließ sich mit dem Ankleiden Zeit. Erst nach sieben Uhr betrat er die Halle, immer noch unschlüssig, was er unternehmen sollte. Der junge Mann am Empfang winkte ihm diskret, und Madec ging zum Schalter.

»Ein Zufall«, sagte der junge Mann, und sein Lächeln wurde breiter. »Ein außerordentlich günstiger Zufall, Monsieur Madec. Ein Gast, für den ich eine Karte in der Oper besorgt habe, ist verhindert. Da habe ich zuerst an Sie gedacht. Falls eine Oper Sie interessiert.«

Er konnte nicht antworten: Opern mag ich nicht. Er konnte sich nicht so kulturlos zeigen. Er fragte: »Was spielen sie denn?«

»›Carmen‹.«

›Carmen‹. Er erinnerte sich: ›Carmen‹ hatte er vor vielen Jahren irgendwo gesehen. Das war die Oper mit dem Lied ›Auf in den Kampf, Torero‹. Eigentlich sagte ihm das nichts. Aber der junge Mann blickte ihn so erwartungsvoll an, daß er ihn nicht enttäuschen mochte.

»Das wäre schön, ›Carmen‹«, sagte er. »Aber ich kann mich nicht umziehen. Ich habe keinen dunklen Anzug bei mir.«

»Das macht nichts. Heute ist es nicht mehr so. Heute ist man da ganz frei.«

»Und ich habe auch noch nicht gegessen.«

»Ich kann Ihnen für elf Uhr einen Tisch bei ›Fouquet's‹ reservieren.«

Also dann doch ein großer und teurer Abend, gut essen und vornehme Gesellschaft. Er nahm die Karte, gab dem jungen Mann ein so hohes Trinkgeld, daß er sich hinter seiner Brüstung tief verbeugte, und besuchte ›Carmen‹.

Wahrscheinlich war es eine gute Aufführung. Es wurde viel geklatscht. Aber er war nur mit halbem Ohr und einem Viertel Auge dabei. Er hätte die Liebesabenteuer, die ihm auf der Bühne vorgesungen wurden, lieber selbst erlebt. Während der ganzen Vorstellung bereute er, daß er im Hotel nicht den Mut gehabt hatte zu sagen: »Nein, nicht die Oper. Lieber ein Kabarett.«

Das Essen bei »Fouquet's« entschädigte ihn. Er bestellte eine Flasche Chambertin 69, er trank fast die ganze Flasche, dann ließ er sich im Taxi ins Hotel fahren. Als er im Bett lag, war er doch froh, daß er die farbenprächtige Oper gesehen hatte, statt sich in einem Kabarett auf Dinge einzulassen, von denen man nie wußte, wie sie endeten. Er durfte Henriette ruhig unter die Augen treten. Wie immer schlief er bald ein, und er erwachte nicht bis zum Morgen.

»Le petit Breton«, »Der kleine Bretone«, hieß das Restaurant, das Kerjeans Schwiegersohn Armand Morin gehörte. Es lag im 18. Arrondissement, im Montmartre also, es war im Guide Michelin mit zwei Sternen aufgeführt. Man durfte also einen guten Service erwarten. Madec wollte nicht zu spät kommen, er wollte nicht riskieren, daß er keinen Tisch mehr für sich allein fand. Er traf um zwölf Uhr ein, als die beiden Kellner noch die Gläser auf die Tische stellten. Auch Morin war da, im dunklen Anzug, das Haar kurz geschnitten, leicht angegraut, einen dünnen Schnurrbart auf der Oberlippe, diskret, gediegen, dem Rahmen des Restaurants angepaßt. Er ging mit raschen kleinen Schritten von Tisch zu Tisch, schob hier ein Messer zurecht, prüfte da ein Glas auf fleckenlose Sauberkeit. Als Madec eintrat, verbeugte er sich leicht, fragte mit geneigtem Kopf: »Wie viele Personen?«

»Ich bin allein. Ich möchte einen Tisch für mich.«

»Da hinten – wenn es Ihnen paßt.«

Madec setzte sich, er sah Morin geschäftig davoneilen, er dachte, mit dem habe ich leichtes Spiel, bei dem riecht man es hundert Meter gegen den Wind, daß er scharf auf Geld ist.

Die Gaststube füllte sich nun rasch, Madec war nicht zu früh gekommen. Morin ging von Tisch zu Tisch, reichte die Speisekarte, wartete, erteilte Auskunft über dieses und jenes Gericht, notierte die Bestellungen. Auch Anne, seine

Frau, kam nun in den Speisesaal, auch sie ging von Tisch zu Tisch mit der Weinkarte, und als sie zu Madec kam, rief sie überrascht: »Aber das ist ja Monsieur Madec, der Herr Bürgermeister.«

»Kennen Sie mich denn noch?« fragte er geschmeichelt.

»Aber natürlich. So lange bin ich noch nicht von Lornac weg.«

»Ich hätte Sie nicht erkannt«, gestand er, »obschon ich jetzt sehe, daß Sie Jules gleichen. Ich meine Ihrem Vater. Als ich Sie das letzte Mal sah, waren Sie vielleicht zwölf oder dreizehn Jahre. Und jetzt sind Sie eine hübsche junge Dame.«

Sie lächelte eine Spur breiter, wartete ein paar Sekunden, fragte dann: »Was trinken Sie, Herr Bürgermeister?«

Er bestellte. Sie ging rasch zu ihrem Mann hinüber, zog ihn beiseite, flüsterte ihm etwas zu, Morin blickte zu Madec herüber, setzte ein Lächeln auf, kam dann gleich an seinen Tisch, stellte sich vor, sagte, es sei ihm eine Ehre und ein Vergnügen, den Herrn Bürgermeister von Lornac bei sich zu Gast zu haben.

»Sind Sie geschäftlich hier?« fragte er dann.

»So halb und halb«, entgegnete Madec. »Jedenfalls bin ich Ihretwegen gekommen. Ich habe mit Ihnen und Ihrer Frau etwas Wichtiges zu besprechen. Ebenfalls mit dem Sohn von Monsieur Kerjean. Yves heißt er, glaube ich.«

»Ja, Yves. Er arbeitet hier als Koch. Ein tüchtiger Mann.«

»Das hört man gern. Er sollte bei unserer Unterredung dabei sein, wenn es sich machen läßt.«

»Selbstverständlich läßt sich das machen. Nur muß ich Sie bitten, sich bis nach zwei Uhr zu gedulden. Sie sehen ja, wie es bei uns zugeht: alles besetzt.«

Madec nickte anerkennend. »Ihr Unternehmen läuft gut. Freut mich für Sie. Lassen Sie sich ruhig Zeit. Ich kann warten.«

Morin flüsterte seiner Frau zu: »Komm rasch in die Küche!«

Er nahm auch Yves beiseite, erklärte den beiden, der Bürgermeister habe mit ihnen Wichtiges zu besprechen. »Es kann sich nur um Papa handeln«, fuhr er fort. »Hoffentlich hat er nichts Dummes angestellt.«

Um halb drei Uhr, als der Speisesaal sich geleert hatte, setzten sie sich zu Madec. Auch Yves setzte sich zu ihnen in seiner weißen Jacke, die er in der Küche trug.

Natürlich kann man eine solche Sache, wie der Bürgermeister sie vorzubringen hatte, auf verschiedene Arten vortragen. Madec hatte sich während des Essens und schon vorher überlegt, welche Art bei diesen Leuten wohl die richtige war: die direkte, grobe Art, mit der Tür ins Haus fallen und sagen: Euer Vater ist ein ausgemachter Esel! Der will nicht verkaufen. Und ihnen dann erklären, worum es ging. Oder die feine, diplomatische Art. Die entsprach dem Charakter von Morin eher.

Madec wählte diese Art. Er legte, als alle am Tisch saßen, die Hände ineinander, lächelte, blickte von einem zum anderen, begann dann von Frankreich zu reden. Ein glorreiches Land, das er über alles liebe. Dann kam er auf die Bretagne zu reden, ihre gemeinsame, engere Heimat, mit der ein Bretone auch in der Ferne stets aufs innigste verbunden bleibe. Nur eben: die Arbeitslosigkeit! Das Problem Nummer eins in der Bretagne. Sie mache sich stärker als in andern Teilen Frankreichs bemerkbar, weil die Bretagne einfach zu weit im Westen liege, zu weit weg von Paris und dem übrigen Europa. Deshalb hätte sich bis jetzt kein großes industrielles Unternehmen entschlossen, in der Bretagne ein Werk zu eröffnen. Und dann erst noch die Fischerei, die immer weniger abwerfe. Man habe gehofft, die Landwirtschaft werde durch den Beitritt Frankreichs zum Gemeinsamen Markt einen gewissen Aufschwung verzeichnen. Aber eher das Gegenteil sei nun eingetreten. Die bretonischen Bauern würden oft für ihr Gemüse kaum mehr die Selbstkosten herausschlagen. Aber was rede er da, das wüßten sie ja ebensogut wie er. Oder besser.

»Klar«, sagte Yves. »Das war auch der Hauptgrund, warum ich von Lornac weggegangen bin. Vater wollte, daß ich im Hotel arbeite. Aber das hat keine Zukunft. Zwei, höchstens drei Monate im Jahr ist das Hotel offen. Aber was tut man in der übrigen Zeit? Ich habe Vater gesagt: Kommt nicht in Frage, daß ich länger hier bleibe und allmählich versauere. Ich will in meinem Leben vorwärtskommen, ich will es in meinem Beruf zu etwas bringen. Das Hotel ist sowieso veraltet. Vielleicht ließe sich daraus etwas machen, aber da müßte man umbauen und erneuern. Das kostet eine Stange Geld. Ohne mich, habe ich Vater gesagt.«

»Genau«, erwiderte Madec. »Sie sprechen mir aus dem Herzen. Was gibt es Wichtigeres für einen jungen Menschen, als sich eine gute und gesicherte Zukunft aufzubauen?« Seit eh und je sei es seine Hauptsorge gewesen, Arbeit für die Einwohner in Lornac zu beschaffen. Was habe er hierfür nicht alles unternommen: Und nun sei ihm endlich – nach großen Anstrengungen – gelungen, eine amerikanische Ölgesellschaft dazu zu bewegen, in Lornac eine Zweigniederlassung zu errichten. Ob sie sich vorstellen könnten, wie glücklich er gewesen sei, als er die endgültige Zusage erhalten habe? Glücklich nicht für sich, sondern für die Leute im Ort.

Sie wußten nicht, was er eigentlich wollte, warum er das erzählte und zugleich behauptete, er sei nur ihretwegen nach Paris gekommen. Morin erwiderte nach den langen Ausführungen des Bürgermeisters: »Da ist Ihnen Lornac zu großem Dank verpflichtet.«

Madec wehrte ab. »Ich brauche keinen Dank. Mir genügt die Gewißheit, daß ich meine Pflicht als Franzose und als Bürgermeister getan habe. Gibt es denn für einen Menschen ein größeres Glück, als zu wissen, daß er seine Pflicht getan hat?«

Sie verstanden immer weniger, was er wollte, aber Morin pflichtete ihm bei. Herrlich sei es, seine Pflicht getan zu haben. Sein Restaurant sei in weitem Umkreis bekannt, zu einem guten Teil natürlich auch dank der Kochkunst von Yves.

»Wir sollten vergrößern können«, fuhr er fort. »Am Platz fehlt es nicht. Aber an Geld. Den ersten Stock könnte ich jederzeit dazu mieten. Aber der Umbau frißt natürlich viel Geld heutzutage. Und ich habe mein ganzes Kapital im Betrieb.«

»Die Bank gibt Ihnen sicher den nötigen Kredit«, erwiderte Madec und hoffte, der andere werde verneinen. Dann hatte der also das Geld dringend nötig.

»Die Bank gibt schon Kredit. Aber wem? Da braucht es mehr als Fleiß und ein gutgehendes Geschäft. Da braucht man Beziehungen. Da muß einer gewissermaßen seine Seele verpfänden.«

Das läßt sich vorzüglich an, dachte Madec. Wenn ich denen jetzt den Verkauf des Hotels vorsetze, schnappen sie danach wie eine hungrige Forelle nach dem Köder. Er sagte: »Und gerade das Geld ist es, was mich zu Ihnen führt. Ich brauche Ihre Unterstützung. Nein, falsch. Nicht ich brauche die Unterstützung. Lornac braucht sie.«

Er erzählte, wie sich mit der Ölgesellschaft alles habe regeln lassen, auch die Terrainfrage. Und nun tauche plötzlich eine neue Schwierigkeit auf und drohe, seine Bemühungen zunichte zu machen. Kerjean nämlich weigere sich, sein Haus und den Boden zu verkaufen. Das wäre freilich seine Privatsache und würde niemanden etwas angehen. Da aber das Werk eben dort gebaut werden solle, verhindere Kerjean mit seiner hartnäckigen Weigerung, daß die Industrie in Lornac Fuß fasse.

»Das glaube ich, daß er sich wehrt«, sagte Yves. »Der will nicht fort.«

»Es kommt natürlich auf den Preis an«, sagte Armand.

»Eben«, erwiderte Madec. »Das ist eine vernünftige Ansicht. Die Gesellschaft ist bereit, einen außerordentlich hohen Preis zu zahlen.«

Er sagte nicht, wieviel. Er wußte aus langer Erfahrung,

wie man in Geldsachen verhandelt. Die waren jetzt neugierig, man mußte sie hinhalten – anbeißen lassen.

Sie bissen an. Morin fragte nach kurzer Pause: »Wieviel?«

Madec blickte sie alle an. Sie hatten jenen schönen Glanz in den Augen, den die Menschen kriegen, wenn von Geld die Rede ist. »Mehr als das Doppelte jener Summe, die einer normalerweise zahlen würde«, sagte er schließlich. »Über zwei Millionen, genau zwei Komma zwei. Bar hingeblättert! Auf den Tisch des Hauses.«

Es verschlug ihnen die Sprache. Das hatte er gehofft.

»2,2 Millionen«, fragte Yves ungläubig. »Für dieses baufällige Haus – und für die paar Quadratmeter Boden? Das ist doch nicht möglich.«

»Sie dürfen mir glauben, es hat mich einige Mühe gekostet, diesen Preis für das Grundstück Ihres Vaters zu bekommen.«

»Und Papa lehnt ab?« fragte Morin leise vor Erschütterung und Empörung. »Das darf doch nicht wahr sein.«

»Leider«, erwiderte Madec und machte ein betrübtes Gesicht. »Weigert sich ganz einfach. Wir haben keine Möglichkeit, ihn zu zwingen. Allen Argumenten ist er völlig unzugänglich. Der ganze Ort ist gegen ihn, das können Sie sich ja denken. Aber er bleibt hart und uneinsichtig. Wenn jemand ihn umstimmen kann, dann sind es seine Kinder. Darum bin ich zu Ihnen gekommen. Wir brauchen Ihre Hilfe. Ich schäme mich nicht zu gestehen: Lornac braucht Ihre Hilfe.«

»Der spinnt ja«, rief Yves. »Natürlich muß er verkaufen. Und zwar rasch. Er war ja schon immer ein bißchen . . . ja . . . ihr wißt schon, was ich meine . . . aber das geht nun zu weit.«

»Wir werden mit Papa reden müssen«, sagte Armand. »Gründlich reden.«

»Reden nützt nichts«, meinte Madec. »Mit Reden habe ich es versucht.«

»Mir würde ein Viertel dieser Summe genügen, um den

ersten Stock umzubauen«, sagte Armand. »Papa muß schließlich auch an seine Kinder denken. – Was meinst du denn, Anne? Du sagst nichts.«

Sie zögerte, sie wagte nicht, den Blick von der Tischplatte zu heben. »Ein wenig verstehe ich ihn«, sagte sie dann. »Wenn das Haus verkauft ist, steht er da ohne ein Dach über dem Kopf. Wo soll er wohnen?«

»Im schlimmsten Fall kann er bei uns wohnen«, erwiderte Armand. »Wir können ihm das hintere Zimmer nett einrichten. Das ist doch für ihn sehr günstig. Da hat er dich stets um sich. Paris wird ihm sicher gefallen. Hin und wieder kann er ja auch mal die Nase in meinen Betrieb stecken, wenn es ihm gar zu langweilig wird. Er kann da und dort Hand anlegen. Warum nicht.«

»Das ist ein vorzüglicher Gedanke«, meinte Madec. »Reden Sie mit ihm. Aber bald. Die Gesellschaft drängt.«

»Dann fahren wir eben nach Lornac«, sagte Morin. »Jetzt ist es zwar wegen des Geschäftes sehr ungünstig. Aber was sein muß, muß sein.«

Er holte seinen Terminkalender. Immer noch hatte er dieses Leuchten in den Augen, und als er sich wieder setzte, sagte er: »Papa kann Anne eine halbe Million auf ihr Erbe vorauszahlen, wenn er verkauft hat. Dann können wir umbauen und brauchen kein fremdes Geld. Ihm brauchen wir ja keine Zinsen zu zahlen. Was meinst du, Anne?«

Sie schien immer noch ein wenig bedrückt, ein wenig abwesend. Als sie ihren Namen hörte, zuckte sie zusammen, beeilte sich, ihrem Mann beizupflichten: »Doch, doch, dann kannst du vergrößern. Ich frage mich nur, ob Papa bei uns wohnen will. Das ist eine ganz andere Umgebung. Ob ihm das gefällt?«

»Natürlich ist Paris nicht Lornac. Gott sei Dank. Aussicht aufs Meer hat er allerdings nicht. Aber daran wird er sich gewöhnen. Wir müssen jetzt an uns denken. Bitte, Anne, denk nicht immer nur an Papa. Denk auch einmal an uns, an mich.«

Yves meinte: »Er soll mir auch eine halbe Million vorstrecken. Dann kaufe ich mich bei dir ein. Dann werde ich dein Teilhaber. Wenn es dir recht ist.«

»Natürlich ist mir das recht«, rief Armand. »Dann können wir auch gleich die Küche modernisieren.«

»Wann kommt ihr?« fragte Madec.

Sie einigten sich auf den 15. März.

Madec stand auf. Nun habe er ihre Zeit lange genug in Anspruch genommen, man möge ihn entschuldigen. Aber wenn es um das Wohl seiner Gemeinde gehe, da trete für ihn alles andere in den Hintergrund.

Als er gegangen war, blieben die drei noch sitzen. Dann stand Anne als erste auf. Sie sagte: »Hoffentlich geht das gut aus.« Sie konnte weder die Begeisterung ihres Mannes noch die Entschlossenheit ihres Bruders teilen. Sie mußte an den Vater denken, dem man ein kleines Zimmer in ihrer Wohnung zuteilen würde. 12 Quadratmeter. Das Fenster auf einen grauen Hof hinaus. Ein paar Blumen würde sie ihm vors Fenster stellen. Aber ein Geranienstock ersetzt das Meer nicht. Armer Pa, dachte sie. Aber wahrscheinlich muß es sein. Yves und Armand haben wohl recht. Recht haben ist oft unmenschlich.

Die beiden Männer blickten ihr nach. Als sie die Türe geschlossen hatte, sagte Yves: »Sie ist dagegen.«

»Sicher ist sie dagegen«, erwiderte Armand. »Das macht nichts. Sie wird tun, was ich verlange. Sie ist noch sehr jung. Ein halbes Kind. Hat keine Ahnung, worauf es im Leben ankommt. Aber ein Geschäftsmann darf heutzutage nicht sentimental sein.«

»Nein«, sagte Yves. »Ich bin nicht sentimental. Ich bin von zu Hause weggegangen, weil ich meinen Weg machen will. Nicht in Lornac versauern.«

»Gemeinsam werden wir Papa kleinkriegen. Jeder auf seine Weise.«

»Bestimmt werden wir ihn kleinkriegen.«

10

Der März brachte ein paar schöne Tage. Am Morgen, wenn Jules mit der Zigarette im Mund vors Haus trat, den Himmel, das Meer und die Welt betrachtete, hingen die Wolken tief und verloren sich stahlgrau nicht weit vor der Küste im Meer. Der Wind war hart und kalt. Es roch nach Salz und Ozean.

Gegen Mittag zerriß der Wind die Wolken, am Nachmittag lag der Himmel blankgefegt über der Erde. Die Sonne schien, aber es blieb kalt wie am Morgen. – Vorfrühlingstage in der Bretagne.

Langsam, aber immer offensichtlicher hatte sich die Stimmung im Dorf gegen Kerjean gewandt. Alle wußten, daß er nicht verkaufen wollte. Man wußte, aber niemand wußte, woher, daß Kerjean dem Bürgermeister geantwortet hatte: »Ist mir gleich, ob die Leute in Lornac Arbeit haben oder nicht. Ich muß an mich denken. Ich verkaufe nicht.«

Man sprach im Dorf gerne darüber. Jeder fügte noch eine Einzelheit hinzu, etwas, das er aus sicherer Quelle hatte. Und immer deutlicher zeigte sich, wie rücksichtslos Kerjean sich benahm.

Sogar der Pfarrer rief am Sonntag von der Kanzel aus den Gläubigen zu: »Leider gibt es auch bei uns Leute, die haben offenbar noch nichts gehört von christlicher Nächstenliebe. Die denken nur an sich. Denen ist es gleichgültig, ob in unserem Dorf Arbeitslosigkeit herrscht. Aber ich sage euch: diese Leute werden der gerechten Strafe Gottes nicht entgehen.«

Da verstand auch der Begriffsstutzigste in Lornac, daß man mit Kerjean nichts mehr zu tun haben wollte. Nicht grüßen, wenn man ihm begegnete. Der war Luft. Nicht mal Luft. Einfach nichts!

Gaston saß jetzt immer allein auf seinem Schemel. Er wurde von keiner Kundin aufgeschreckt, wenn er Kreuzworträtsel löste oder eine Illustrierte las. Er verstand seinen Vater. Wenigstens redete er sich das immer wieder ein. Aber dann dachte er auch wieder, er verstehe ihn nicht. Sicher war es hübsch, hier zu wohnen. Schön war es auch, im Sommer ein paar Hotelgäste zu haben, Betrieb während zwei oder drei Monaten. Darauf konnte man sich freuen, darüber konnte man nachher noch lange reden: wie der Belgier mit seinem Hund ... und dann dieser lange Deutsche, der immer sagte ... und der Schweizer, der nicht wußte, wie man Meerspinnen aufknackt.

Aber man mußte auch daran denken, wieviel Geld der Verkauf einbrächte, daß man mit dem Geld irgendwo ein Haus bauen konnte, das schöner war als dieses. Mit dem Geld – mit einem Teil davon – konnte man am andern Ende von Lornac eine moderne Villa bauen. Am Ostrand des Dorfes, dann sah man nichts von den Tanks, die sie hier errichten wollten.

Le Tocquer fiel ihm ein. Der hatte gesagt: »Keine Flucht! Sich nicht vertreiben lassen! Jeden Quadratmeter des Bodens verteidigen!«

Damals war er mit Le Tocquer einverstanden gewesen. Er war jetzt noch mit ihm einverstanden, im allgemeinen, weil er nicht genau wußte, was Le Tocquer meinte, wenn er ausrief: Keine Flucht – sich nicht vertreiben lassen!

Natürlich war er gegen alles, was die in Paris anordneten, aber der Verkauf des Hotels hatte mit Paris nichts zu tun. So viel Geld – eine Summe, so groß, daß man sie sich gar nicht richtig vorstellen konnte. War es denn Flucht, wenn der Vater das Haus verkaufte? Häuser kaufen und verkaufen war doch ein Geschäft wie irgendein andres. Was sollte daran unehrlich oder gar unsauber sein? Gaston wußte es nicht, und mit niemandem konnte er darüber reden. Man müßte eine neue Sprache haben, dachte er. Mit den Wörtern, die ihm einfielen, konnte er nicht ausdrükken, was ihn bewegte, mit dieser Sprache kam er seinen Gefühlen nicht bei. Er wollte eine bessere Welt. Und er wollte, daß diese Welt bald besser würde. Nicht erst in hundert Jahren, wenn er längst tot war. Er fühlte undeutlich: es war nicht gut und auch nicht richtig, wenn sie sich durch eine Ölgesellschaft verdrängen ließen, wenn man ihnen Geld gab und sie dann den Platz räumen mußten. Als ob es nur um Geld ginge. Dabei ging es um viel mehr. Aber er hätte unmöglich sagen können, was er sich eigentlich vorstellte. Ans Gemeindeamt »Bretagne libre« malen, das war vielleicht ein Schritt in der guten Richtung. Aber das war weit von dem entfernt, was er wirklich meinte, was er nicht ausdrücken konnte. Jedenfalls meinte er nicht eine freie Bretagne für Öltanks, das schon gar nicht. Aber die andern wollten das vielleicht, diejenigen, die riefen: »Wir wollen Arbeit!«

Es war für ihn zu quälend, lange über diese Fragen nachzudenken, eine Lösung fand er doch nicht. Seine Gedanken wurden nur verworrener. Besser, er machte sich wieder an ein neues Kreuzworträtsel. Oder an einen Comic.

Am Abend wartete er auf Marie-Louise. Er hatte sie seit einiger Zeit nicht mehr gesehen. Eine halbe Stunde zu früh stand er an dem gewohnten Platz.

Als sie mit ihrer Arbeit fertig war, kam sie aus dem Laden, sah nicht zu ihm herüber, ging zur Haltestelle des Autobusses. Als hätte sie ihn nicht gesehen. Und er merkte doch, daß sie genau wußte, daß er wartete. Gerade weil sie den Kopf so hoch hielt und weder nach rechts noch nach links zu schauen wagte. Er fuhr mit dem Mofa zu ihr hin. Sie hörte ihn, sie mußte ihn hören, aber sie drehte sich auch jetzt nicht um. Es fiel ihm nicht ein, Marie-Louise könnte böse sein. Sie könnte etwas gegen ihn haben, weil die Leute im Dorf etwas gegen seinen Vater hatten. Daran dachte er nicht.

»Hallo«, sagte er. »Setz dich hinten drauf, ich fahr' dich heim.«

»Nein«, erwiderte sie, warf ihm nur einen kurzen Blick zu und wandte sich sofort ab. »Ich fahre mit dem Bus.«

»Wieso? Was hast du?«

»Nichts habe ich. Ich will einfach nicht mehr mit dir

fahren. Du brauchst nicht mehr auf mich zu warten. Meine Eltern sind auch dagegen.«

»Das geht deine Eltern nichts an, wenn ich dich abhole.«

»Dann geht es eben meine Eltern nichts an, aber ich will es auch nicht.«

»Warum nicht?«

»Das weißt du genau.«

»Nein, das weiß ich nicht. Sonst würde ich nicht fragen.«

»Dann frag deinen Vater, der weiß es.«

»Ach so – deswegen.«

Marie-Louise also auch. Die glaubte auch alles, was man ihr erzählte. Und nahm sich nicht mal die Mühe, erst mit ihm zu reden. »Ich hab' dir nichts getan«, sagte er kleinlaut.

»Aber dein Vater. Der ist schuld, daß die Leute in Lornac keine Arbeit finden. Das ist richtig gemein.«

»Ist gar nicht wahr. Ist alles erfunden. Glaub doch nicht so einen Blödsinn.«

»Dann ist es also erfunden, daß er sein Hotel nicht hergeben will, damit sie dort eine Fabrik bauen können? Meine Eltern sagen, mit solchen Leuten soll man gar nicht reden.«

»Sagen sie? Du redest ja doch mit mir.«

»Ja. Aber nur, um dir das zu sagen. Nachher nicht mehr.«

»Soll das heißen, daß zwischen uns jetzt alles aus ist?«

Sie lächelte ein wenig, sah ihn zum ersten Mal richtig an, nicht bloß an ihm vorbei, als ob er ein Telefonmast wäre. Sie antwortete: »Tut mir leid, Gaston. Es ist wegen meiner Eltern. Und auch wegen der Leute im Geschäft. Ich habe nichts gegen dich. Bestimmt nicht. Aber das mußt du einsehen.«

»Klar«, sagte er, »das sehe ich ein. Ich sehe ein, daß du dir vorschreiben läßt, mit wem du reden darfst und mit wem nicht. Und ich sehe ein, daß du einfach alles glaubst, was man dir erzählt. Dann glaub' eben den Leuten. Und tu, was sie dir befehlen. Eine, die sich von allen befehlen läßt und die glaubt, was man ihr erzählt, ist für mich eine Kuh.«

»Gut, dann bin ich eben eine Kuh, trotzdem will ich von dir nichts mehr wissen. Adieu. Und überhaupt: auf eine Kuh hätte ich nicht gewartet.« Sie drehte ihm den Rücken zu.

Er fuhr weg. Marie-Louise spürte das Würgen im Hals und aufsteigende Tränen. Aber dann kam der Bus, sie mußte einsteigen, rechts und links grüßen und die Tränen unterdrücken.

Gaston fuhr langsam nach Hause. Er hatte es nicht eilig. Er wußte, was ihn daheim erwartete. Kein Mensch in der Bar. Odette hinter der Theke mit ihrem aufmunternden Gesicht, als sei alles in Ordnung. Der Vater auf seinem Stuhl vor den Zigaretten. Und auch der trug ein Gesicht zur Schau, als könne jeden Augenblick einer eintreten und einen Pernod bestellen. Es kam aber keiner. Das war auch vorbei. Genau wie mit Marie-Louise. Aber die anderen waren nicht wichtig. Marie-Louise hingegen: er durfte nicht daran denken, daß es aus war, das verschlug ihm den Atem.

Als er in die Bar kam, saß der Vater nicht auf seinem Stuhl. Er ging aufgeregt zwischen den Tischen hin und her. Auch Odette stand nicht hinter der Theke und zeigte ihr fernes Lächeln. Odette weinte. Er hatte sie noch nie richtig weinen sehen, nicht mal, als Yves weggegangen war. Es beeindruckte ihn mehr als Vaters Aufregung.

»Ist was?« fragte er.

»Nichts ist«, erwiderte Jules. »Was soll denn sein? Ich habe Odette eben gesagt, daß sie nicht mehr herzukommen braucht. Sonst ist nichts.«

»Und wieso soll sie nicht mehr kommen?«

»Wieso nicht! Du kannst saudumme Fragen stellen! Wo sind denn die Gäste, die sie bedienen muß? Siehst du welche? Dann zeig sie mir bitte, ich möchte sie nämlich auch gerne sehen. Ich habe ihr gesagt, sie soll nicht mehr kommen, weil nichts zu tun ist. Darum. Und weil ich sie nicht mehr bezahlen kann. Darum.«

»Das weiß ich auch«, sagte Odette und trocknete ihre Tränen. »Das seh' ich auch, daß Sie mich nicht mehr brauchen. Ich suche mir ja auch eine Stelle. Ich will sowieso weg aus Lornac.«

»Nach Paris?« fragte Gaston.

»Ganz sicher nicht nach Paris. Ich finde bestimmt bald eine Stelle. Aber bis ich etwas gefunden habe, will ich weiterhin herkommen.«

»Nein«, rief Kerjean, »ich kann dich nicht mehr bezahlen.«

»Ich will gar keinen Lohn.«

»Das wär' ja noch schöner. Gratis arbeiten. Damit man im Dorf noch mehr Grund hat, über mich herzufallen.«

»Das erfährt niemand.«

»So? Und dein Vater?«

»Den geht das nichts an. Dem sage ich nichts. Schließlich bin ich erwachsen. Wenn es ihm nicht paßt, geh' ich überhaupt nicht mehr nach Hause. Ich kann ja auch hier essen. Und schlafen. Oder nicht?«

»Frag nicht so! Natürlich kannst du das. Jederzeit. Aber ich brauch' dich einfach nicht mehr.«

»Ich schon«, sagte Gaston. »Ich bin froh, wenn Odette kommt. Sie gehört hierher. Mir würde etwas fehlen, wenn sie nicht mehr käme.«

Kerjean schlug mit der Faust auf den Tisch. Er war richtig wütend geworden. »Verdammt noch mal, darum geht es doch nicht. Glaubst du, ich bin nicht froh, wenn sie kommt? Aber sie soll endlich einmal an sich und ihre Zukunft denken. Das hier ist ohnehin vorbei. Sie muß endlich Yves vergessen. Yves und alles, was mit ihm zusammenhängt.«

»Ich kann Yves nicht vergessen. Aber ich weiß, daß es nichts ist mit uns. Und ich denke auch an mich. Gerade weil ich an mich denke, sage ich: bis ich eine Stelle gefunden habe, komme ich jeden Tag hierher. Sie müssen mich schon hinauswerfen, wenn Sie wollen, daß ich nicht mehr komme.«

»Dann komm eben. – Aber erwarte bloß nicht, daß ich dir dankbar bin. Bin ich nämlich nicht.«

»Nein, das erwarte ich auch nicht.«

»Ach, du weißt genau, daß ich froh bin. Du kennst mich gut genug. Ich kann es bloß nicht sagen. Hab' ich nie gekonnt. – Aber wenn du schon hier bist, könntest du uns was zu essen machen.«

Gaston wollte mit Odette hinausgehen. Jules hielt ihn zurück. »Setz dich«, sagte er. »Ich muß die Sache mit dir besprechen.«

Er schenkte sich ein Glas Wein ein, Gaston nahm einen Orangensaft. Sie setzten sich. Und dann wußte Jules doch nicht, wie er beginnen sollte.

»Es ist einfach eine Schweinerei«, sagte er schließlich. »Du weißt, was ich meine, sag auch mal etwas dazu. Sag mir, was du denkst.«

»Was gibt es da zu sagen?«

»Eine ganze Menge gibt es zu sagen. Das geht dich auch an. Sogar mehr als mich. Ich lebe ja nicht mehr hundert Jahre, und das macht mir am meisten Sorge. Wenn ich nicht verkaufe, hinterlasse ich euch so etwas wie einen besseren Schutthaufen. Wenn ich dagegen verkaufe, bin ich ein reicher Mann. Ich geb' nichts darauf, ich pfeif' auf den Reichtum. Aber ihr könnt das Geld später brauchen. Darüber mußt du nachdenken.«

»Darüber hab' ich schon nachgedacht.«

»Und?«

»Natürlich wäre es schön, eine Stange Geld zu haben. Man könnte sich allerhand leisten. Aber das Hotel ist auch nicht schlecht. Im Sommer, wenn Gäste da sind, macht es Spaß. Ich kann dir da keinen Rat geben, das ist deine Sache. Man muß sich auch überlegen, wie das nachher hier aussieht, wenn die ihre Öltanks gebaut haben. Oder wenn ein Unfall geschieht und es läuft so ein Tank aus. Wenn das

Öl ins Meer fließt. Und daß langsam ein Stück ums andere von der Welt zum Teufel geht. Das hat Le Tocquer gesagt. Ich glaube, Le Tocquer wäre dagegen, daß du verkaufst.«

»Le Tocquer hat damit nichts zu tun. Den geht das alles nichts an. Wenn die Tanks hier nicht gebaut werden, werden sie bestimmt anderswo gebaut. Ich mag nicht an die Welt denken, die versaut wird. Geht mich nichts an. Ich denke an mich, an uns. Die können uns fertigmachen. Wenn sie dich ins Gefängnis stecken, dann muß ich nachgeben.«

»Du hast selbst gesagt, die Leute vergessen schnell. Und meinetwegen brauchst du dir keine Sorgen zu machen. Wenn ich wegen so einer Kleinigkeit ins Gefängnis muß, dann geh' ich eben. Mir macht das nichts aus. Fast nichts.«

»Aber mir. Wenn ich bloß wüßte, wo ich nachher leben soll. Und was ich tun soll, um den Tag totzuschlagen. Ich bin noch zu jung fürs Altersheim. Am Morgen aufstehen und nichts andres tun, als auf den Abend zu warten. Jahr um Jahr nichts andres tun, als auf den Tod zu warten. Naja, lassen wir das. Ich wollte bloß wissen, wie du die Sache siehst. Vorläufig bin ich nämlich noch nicht bereit, alles aufzugeben. Ganz so weit haben die mich noch nicht. Ich will auch nicht nur schwarzsehen für die Zukunft. Es gibt immerhin auch ein paar gute Dinge. Noch nie habe ich im März so viele Anmeldungen für den Sommer gehabt wie dieses Jahr: zwei aus Deutschland, sechs aus Belgien und elf aus Frankreich. Ist doch schön, nicht? Wenn ich das Hotel von Mitte Juni bis Mitte September besetzt habe, können die mir mit ihrem Geld den Buckel runterrutschen. Da halte ich mich nächstes Jahr über Wasser. Dann muß ich nicht nachgeben, auch wenn sie alle gegen mich sind.«

»Ja, das wäre schön, dann könnten wir es denen zeigen«, meinte Gaston ... und dachte an Marie-Louise, der er es mehr als jedem andern Menschen zeigen wollte.

»Ich bin froh, daß du nicht gegen mich bist«, sagte der

Vater. »Yves frag' ich gar nicht. Wenn der wüßte, wieviel Geld dabei zu holen ist, der käm' zu Fuß angelaufen. Und mein Schwiegersohn wäre noch vor ihm da. Die sind beide scharf auf Geld.«

Nach dem Abendessen kam Dubois wieder einmal in die Bar.

»Ach, sieh an!« meinte Jules spöttisch, »jetzt geht es wieder aufwärts mit meinem Betrieb. Wenn sogar meine ältesten Freunde es wagen, ihren Fuß in mein Lokal zu setzen. Hat dich bestimmt niemand gesehen?«

Dubois erwiderte nichts, setzte sich, blickte nirgendwohin und sagte schließlich wie nebenbei: »Ich nehme ein Bier.«

Jules stellte Flasche und Glas ohne ein Wort auf den Tisch, schenkte aber nicht ein, ging mit steifen Beinen zurück zu seinem gewohnten Platz. Sie schwiegen lange. Dann sagte Dubois: »Ich komme, wann es mir paßt. Aber bald wird es mir nicht mehr passen. Wenn du nicht gescheiter wirst.«

»Ich werde nicht gescheiter, wenn du damit meinst, daß ich alles hier hergeben soll, damit ein paar reiche Amerikaner in New York oder sonstwo dort drüben noch eine Spur reicher werden. Arbeitsbeschaffung, sagt Madec. Dieser Gauner. Er will bauen, er will sein Land verkaufen. Sicher verdient er auch noch an dem Land, das ich hergeben soll. Den kenne ich. Eigentlich müßtest du ihn auch kennen.«

»Natürlich hat Madec das alles in Szene gesetzt. Weiß ich auch. Aber das ändert nichts an der Meinung der Leute. Die sind nun mal gegen dich. Die glauben, du versaust ihnen hundert Arbeitsplätze.«

»Nicht mal fünf Arbeitsplätze gäbe das. Wozu braucht man in einem Öllager Arbeiter? Vielleicht zwei oder drei Spezialisten, die kommen aus Brest. Und dann noch einen als Nachtwächter und um den Rasen zu mähen. Das ist dann der aus Lornac. Aber darüber mag ich nicht streiten. Mit dir schon gar nicht. Wenn es dir bei mir nicht paßt, bleibst du einfach weg. Mir auch recht. Trink dein Bier aus und verschwinde!«

Dubois trank das Glas leer, legte das Geld auf den Tisch und ging ohne ein Wort hinaus. So, dachte Jules, als er ihn weggehen sah, das war der letzte. Jetzt bin ich allein.

11

Im Grunde wußte Jules Kerjean, daß er verloren hatte, daß er geschlagen war. Und wenn er es auch nicht mit jener Gewißheit wußte, mit der man weiß, daß zwei mal zwei vier ist, so ahnte er es doch auf eine Weise, die tiefer hinabreicht als alles Wissen. Zwar sagte er weiterhin zu Odette und zu Gaston: »Hauptsache ist, daß wir eine gute Saison haben. Die Leute werden vergessen. In meinem Leben habe ich schon manche Schwierigkeiten überstanden. Noch größere!«

Er glaubte nicht daran, er glaubte nicht an das, was er zu den Jungen sagte, und er wußte, daß sie ihm nicht glaubten. Oder wenigstens schien ihm, sie könnten ihm gar nicht glauben. Auch kannte er die Bretonen, er war selbst einer. Die vergaßen nicht so leicht, diese wortkargen Menschen mit ihren sparsamen Bewegungen.

Madec hatte offenbar gewonnen, und Kerjean wollte es sich und andern gegenüber bloß nicht zugeben. Er schlug auf den Tisch und rief: »Ich lasse mich doch nicht erpressen.«

Er hörte seine Stimme wie die eines Fremden, und er dachte, sie klinge hohl. Und falsch. Ihm schien auch, Gaston habe ihn durchschaut, durchschaut mit dieser brutalen Sicherheit, mit der die Jungen die Alten durchschauen, wenn sie sich laut und rechthaberisch gebärden, um ihre Unsicherheit zu verbergen – und sie dadurch nur noch deutlicher zeigen. Da sehen ihnen die Jungen zu, schätzen ab und warten. Weil die Jungen warten können.

Zeit genug haben die, dachte er. Gaston weiß, daß ich nur noch auf den letzten entscheidenden Schlag warte, um dann alles hinwerfen zu können und mit großer Gebärde zu erklären: »So nehmt mir doch alles weg und macht damit, was ihr wollt.«

Gaston, das ahnte Jules, Gaston nahm ihn nicht ernst, wenn er auf den Tisch schlug. Odette hielt immer noch zu ihm. Sie ermunterte ihn zum Widerstand, weniger durch das, was sie sagte, als durch ihre bloße Gegenwart oder durch einen Blick. Auch Odette sagte: »Wir müssen den Sommer abwarten, die Saison.«

Wenn er fragte: »Für wen eigentlich?«, dann wußte sie keine Antwort. Dahinter steckten keine klaren Gedanken und Absichten, das waren nur Gefühle, Empfindungen. Ahnungen von etwas, das über sie hereinzubrechen drohte und nicht hereinbrechen durfte. Gefühle, unklar, wie von weit her.

Am Abend ging Odette hin und wieder zum Hafen hinunter. Da lagen die Fischerboote. Sie blickte hinauf zum Haus von Kerjean, und sie stellte sich vor, daß dort oben Öltanks ständen. Dann konnte sie es fühlen, das, was nicht auszusprechen war. Irgend eine Bedrohung, so mächtig, daß sie einem für Sekunden den Atem abschnitt. Und wenn sie dann nach dieser halben Stunde am Hafen durchgefroren war, dann wäre sie am liebsten nicht nach Hause zurückgegangen, nicht in diese kleine geordnete Welt, wo jedes Ding seinen Platz hatte, wo der Vater sogar an seinem gewohnten Platz saß, über die Hefte der Schüler gebeugt. Diese trügerische Ordnung in einer Welt der Auflösung und des Unterganges.

In schlaflosen Nächten grübelte Jules. Mit dem Geld, das die Gesellschaft zu zahlen bereit war, konnte er sich ein neues Haus kaufen, schöner als dieses, mit einem ebenso weiten Blick aufs Meer. Er brauchte nur »ja« zu sagen, und er war reich. Nicht nur reich, er gehörte dann – eben wegen seines Reichtums – auch zu den geachteten Männern von Lornac. Man würde ihm einen Sitz im

Gemeinderat anbieten. Alles wäre gut. – Nein, nichts wäre gut. Er fürchtete sich vor dem Verkauf wie vor einer Verurteilung, er fürchtete sich vor dem neuen Haus wie vor einer Strafkolonie. Nicht mal geschenkt wollte er ein neues Haus. Bernadette würde nicht mit ihm ins neue Haus hinüberziehen. Sie wäre ihm verloren. Die Erinnerung an sie, die an diesem Haus haftete und an allen Gegenständen, diese Erinnerung konnte er nicht mitnehmen. Nur sein Alter, seine Einsamkeit würde er mitnehmen. Sonst nichts. Kamin und Spannteppiche auf den Böden. Und vor dem Kamin sitzt der alte Mann, den sie alleingelassen haben, dem man auch seine Erinnerungen gestohlen hat.

Er dachte auch: Wenn ich im neuen Haus wohne, in dieser vornehmen Villa, in dieser Strafanstalt, dann werden die Leute, die weit draußen vorübergehen, zueinander sagen: da wohnt ein reicher Mann. Aber die können nicht wissen, daß der reiche Mann sich nach dem Stuhl vor dem Kasten mit den Zigaretten sehnt, nach der Schlafzimmertür, die nicht richtig schließt und ihn nachts ein paarmal weckt, wenn der Wind scharf durchs Haus bläst.

Er ertappte sich dabei, wie er irgendeinen Gegenstand mit neuen Augen, mit neugierigen Blicken betrachtete. Ein Möbelstück, eine abgeschabte Stelle auf dem Fußboden etwa. Er dachte: Das muß ich mir alles gut einprägen. Von diesen Erinnerungen werde ich leben müssen.

Gerade weil er schon kaum mehr eine Möglichkeit sah, den Verkauf zu verhindern, klammerte er sich mit aller Macht an die kleine Hoffnung, die ihm die Anmeldungen von Feriengästen bot.

»Ihr werdet sehen«, wiederholte er immer wieder, »dieses Jahr ist das Hotel von Mitte Juni bis Mitte September besetzt. Drei Monate lang. Da schaut was heraus. Ich habe mir überlegt, wie wir es am besten machen: »Wir geben nur das Frühstück. Keine andern Mahlzeiten. Das macht weniger Umstände. Mit Odette können wir ja diesen Sommer nicht mehr rechnen.«

Sie sagte: »Ich habe jetzt eine Stelle gefunden.« Aber sie sagte nicht, wo. Als käme es darauf am wenigsten an. »Aber wenn das Hotel besetzt ist, bleibe ich hier. Hier kann ich ebensogut arbeiten wie anderswo.«

»Wenn Yves hier wäre«, meinte Jules, »könnten wir auch Mittag- und Abendessen servieren. Aber mit Yves können wir nun nicht rechnen. Der hat andere Pläne.«

Gaston dachte, auf mich kannst du auch nicht mehr zählen, ich geh' auch weg. Wenn Odette fort ist und ich allein mit ihm, das halte ich nicht aus.

»Von Yves«, sagte Jules, »hört man nichts mehr. Ich bin überzeugt, der kommt uns den ganzen Sommer über nicht ein einziges Mal besuchen. So sind die Jungen. Wenn man sie großgezogen hat, gehen sie weg und lassen einen im Stich.«

Er wollte nicht klagen, und er merkte selber, daß fast alles, was er in letzter Zeit sagte, doch so etwas wie Klage und Vorwurf war.

Mitte März setzte eines Nachts unvermittelt heftiger Sturm ein.

Jules schlief. Das Schlagen der schlecht schließenden Schlafzimmertür weckte ihn. Er dachte, was er in gleicher Lage schon tausendmal gedacht hatte: Ich muß das morgen ausbessern. Aber dann wußte er – noch bevor er den Gedanken zu Ende gedacht hatte –, daß er es nicht tun würde. Es hatte keinen Sinn, das noch auszubessern. Und jetzt hörte er dem Rütteln der Tür, dem Brausen des Windes sogar mit einem kleinen Vergnügen zu. Es war ihm zumute, als nähme er Abschied davon. Abschied von einem Geräusch, das einem ein ganzes Leben lang auf die Nerven gefallen ist. So etwas Verrücktes, dachte er. Ich höre es gern.

Dann tönte von der Straße Motorradlärm herauf. Er dachte sich nichts dabei, als Scheiben klirrten und das Motorrad wieder wegfuhr. Erst ein paar Sekunden später ging ihm auf, daß eine Scheibe eingeschlagen worden war. Sein Haus stand allein hier, es mußte also ein Fenster an seinem Haus sein. Der Motorradfahrer, dachte er. Das war einer von denen!

Er stand auf. Am liebsten wäre er liegengeblieben. Nicht aus Müdigkeit. Er war nicht müde. Auch nicht, weil er davor Angst hatte, die zerbrochene Scheibe im Erdgeschoß anzusehen. Es war nur die große Gleichgültigkeit in ihm, die ihn schon daran gehindert hatte, die Tür auszubessern, und die ihn nun denken ließ: laß sie die Scheiben einschlagen, es geht ja doch alles zum Teufel.

Aber er stand doch auf, weckte Gaston, sie gingen zusammen ins Erdgeschoß hinunter. Es war ein Fenster in der Bar. Auf dem Boden lag der Stein, eingewickelt in Packpapier und verschnürt. Jules hob den Stein auf, löste langsam die Schnur, nahm das Papier in die Hand, las: »Wir werden dich zwingen.«

»Naja«, sagte er und reichte Gaston die Fetzen. »Da kann man nichts machen.«

»Was kostet so eine Scheibe?« fragte Gaston.

»Weiß ich nicht. – Ich bin versichert. Mir macht das nichts aus.«

Natürlich machte es ihm etwas aus. Das wußte er, das wußte auch Gaston. Er sagte: »Einer muß heute nacht unten bleiben. Sonst räumen sie die ganze Bar aus.«

»Das glaub' ich nicht«, sagte Jules. »Die sind nicht auf Diebstahl aus. Die wollen mehr. Geh nur wieder schlafen. Ich bleibe noch ein wenig hier. Vielleicht leg' ich mich später auch wieder ins Bett.«

»Gut«, erwiderte Gaston, »aber morgen mußt du die Polizei anrufen.«

»Natürlich. Obwohl es keinen Sinn hat.«

Dieser Stein hatte kein sehr großes Loch in die Scheibe geschlagen. Durch die gezackte Öffnung konnte niemand in die Bar einsteigen. Aber der Wind blies scharf, und Jules fürchtete, es könnte noch zu regnen anfangen, und dann hatte er am Morgen eine Überschwemmung auf dem Boden. Er mußte Latten vor das Loch stellen und versuchen, sie irgendwie zu befestigen. Auch Gaston hätte eigentlich daran denken müssen. Aber der hatte nur Schlaf im Gesicht gehabt. So sind die Jungen, dachte Jules, ging ums Haus herum, in den Schuppen, holte die Latten. Er brauchte fast eine Stunde, bis das Loch so verschlossen war, daß er sich beruhigt wieder ins Bett legen konnte.

Am Morgen rief er Morvannou an. »Du mußt mal herkommen und die Sache ansehen. Ich brauche deinen Rapport für die Versicherung. Aber es eilt.«

Morvannou hatte seinen freundlichen Ton abgelegt. »Ich komme, wenn ich Zeit habe«, erwiderte er. »Heute vormittag auf jeden Fall nicht.«

»Sag mir nicht, wann du nicht kommst. Sag mir einfach, wann du kommst.«

»Vielleicht gegen Abend. Ich habe noch anderes zu tun.«

Er kam gegen Abend, sah sich den Schaden an. Kerjean zeigte ihm das Papier. Morvannou zuckte die Achseln. »Das heißt überhaupt nichts«, sagte er. »Das kann jeder im Dorf geschrieben haben. So denkt jeder im Dorf. Ich muß einen Rapport machen. Aber es ist unmöglich, den Täter zu finden.«

»Mich interessiert der Täter wenig«, erwiderte Kerjean. »Ich brauche von dir eine Bestätigung, daß die Fensterscheibe eingeschlagen worden ist, damit ich das Geld von der Versicherung bekomme.«

»Dich interessiert bloß das Geld, sonst nichts«, erwiderte Morvannou, und er versuchte nicht, seine Verachtung zu verstecken.

Dann, etwas später am Abend – aber es war noch nicht dunkel, weil im März in der Bretagne die Tage schon ziemlich lang sind –, sahen sie den Wagen vorfahren. Gaston hatte den Laden geschlossen. Er öffnete ihn immer noch jeden Morgen, obwohl er nun wirklich ganz allein blieb mit seinen Heftchen und Kreuzworträtseln. Auch Odette stand jeden Tag wie gewohnt hinter der Theke, Jules saß auf seinem Stuhl. Vielleicht taten sie das alles nicht mehr so beharrlich wie früher, als es noch einen

Sinn gehabt hatte. Sie entfernten sich oft für längere Zeit von ihren Arbeitsplätzen. Sogar Odette ging oft nach hinten, ging sogar tagsüber mal nach Hause und kam dann erst nach einer halben Stunde zurück.

Als der Wagen hielt, waren nur Gaston und Jules in der Bar. Das Auto hatten sie nicht erkannt, erst als die beiden ausstiegen, die Türen zuknallten, sahen sie, wer sie besuchte.

»Was wollen die?« fragte Gaston.

Jules antwortete: »Wenn die zusammen herkommen, ist es ein schlechtes Zeichen. Dann weiß ich, was sie wollen.«

Die beiden Männer traten in die Bar, Armand voraus, Yves hinterher. Sie hatten sich vorgenommen, die Begrüßung wenigstens freundlich hinter sich zu bringen. Aber als sie sahen, daß zu dieser Zeit, zu der früher das Lokal stets fast voll gewesen war, nicht ein einziger Gast dasaß, waren sie doch überrascht; ihre Begrüßung fiel kleinlaut, fast verlegen aus.

»Setzt euch«, sagte Jules.

Sie setzten sich. Armand war noch immer beeindruckt von der Leere des Raums. Das Lächeln, das er hatte aufsetzen wollen, mißlang ihm. Ihm war zumute, als müsse er sich für irgend etwas entschuldigen. Yves dagegen verbarg seine Verlegenheit hinter einem lauten Wortschwall: »Um neun Uhr sind wir losgefahren. Auf der Autobahn ging es ganz gut. Aber nachher! So ein Verkehr! Immer hinter Lastwagen herfahren. Von Überholen keine Rede. Jetzt habe ich einen ganz schönen Durst. Nimmst du auch einen Riccard, Armand?«

»Gerne«, sagte Armand steif.

Yves stand auf, drängte sich an seinem Vater vorbei, holte hinter der Theke die Flasche, die Gläser, schenkte ein, Eis, Wasser dazu, stellte die Gläser auf den Tisch, sie stießen an und tranken, und dann sagte Yves: »Ah, das tut gut.«

Dann holte er aus dem Kasten ein Päckchen Gauloises,

und dabei mußte er sich noch enger am Vater vorbeidrükken. Er hatte zwar Zigaretten in der Tasche, aber er wollte jetzt zeigen, daß er hier immer noch zu Hause war. Als sei er bloß ein paar Tage in Urlaub gewesen.

»Leer ist es hier«, sagte er, als er eine Zigarette angezündet hatte. »Früher war's doch um diese Zeit voll. Warum ist niemand da?«

»Es kommt niemand mehr«, erwiderte Jules keineswegs freundlich. Er wußte, die beiden waren nicht hergekommen, weil sie nach ihm Sehnsucht hatten, die führten etwas im Schild. Er konnte sich denken, was.

»Ist Odette nicht mehr hier?« fragte Yves mit lauter, unbekümmerter Stimme.

»Doch«, erwiderte Gaston.

Sie wandten sich jetzt ihm zu, als hätten sie ihn vorher nicht bemerkt. »Sie kommt bald wieder. Sie ist rasch nach Hause gegangen.«

»Was wollt ihr?« fragte Jules.

»Nichts Besonderes«, erwiderte Armand schnell, »wir sind nur mal vorbeigekommen.«

»Wir können doch heute nacht hier schlafen?« fragte Yves.

»Das Haus ist leer, Zimmer gibt es genug. Sucht euch zwei aus. Odette kann euch die Betten beziehen. Aber zu essen haben wir nicht viel da. Wenn wir allein sind, essen wir abends nicht großartig.«

»Wir haben keinen Hunger«, sagte Armand. »Wir haben zu Mittag in Le Mans gegessen. War ganz gut, nicht wahr, Yves? Der Wein zwar nichts Besonderes, aber sonst konnte man nicht klagen.«

Yves antwortete nicht. Jules fragte noch einmal: »Was wollt ihr?«

»Ich habe gehört, du verkaufst«, sagte Yves jetzt, und es war immer noch das Laute und Unbekümmerte in seiner Stimme. »Da wollten wir einfach mal fragen, wie es geht.«

»Wie was geht?«

»Wie es dir geht, natürlich. Wie es euch geht. – Warum

fragst du so komisch? Hast du was dagegen, daß wir euch besuchen? Dann können wir ja gleich wieder verschwinden.«

»Uns geht es gut«, sagte Jules. »Wenn ihr deswegen gekommen seid, dann wißt ihr es jetzt. Und verkauft habe ich nicht.«

»Aber du wirst doch verkaufen?« fragte Armand.

»Nein.«

Es war das trotzige Nein, das er jedem zur Antwort gab, der ihn danach fragte. Und jetzt glaubte er selber, daß er unter keinen Umständen verkaufen würde. Wenn ihn jemand drängte, dann wurde er widerspenstig und verschanzte sich hinter seinem »Nein«. Nur nachts, wenn er allein im Bett lag, wenn seine Gedanken sich beruhigt hatten, dann wurde ihm wieder klar, daß es keinen anderen Weg gab.

»Wer hat dir gesagt, daß ich verkaufe?« fragte er, an Yves gewandt.

Er hatte schon immer Mühe gehabt, mit Armand höflich zu reden, er brauchte den nur anzusehen, dann mußte er irgendein grobes Wort hinunterschlucken. Er mußte sich an Yves halten, sonst konnte er mit denen nicht sprechen. Sonst würde er die in einer halben Stunde zum Haus hinausjagen.

»Ist ja nicht wichtig«, erwiderte Yves. »Hauptsache ist, es stimmt.«

»Monsieur Madec ist bei mir gewesen«, sagte Armand. »Er hat bei mir gegessen, und dann sind wir zufällig darauf zu sprechen gekommen. 2,2 Millionen, hat er uns gesagt. Stimmt das? Das wäre ja ein fabelhafter Preis. Ich meine, da solltest du wirklich nicht lange überlegen.«

»So«, sagte Jules, holte sich nun auch etwas zu trinken und setzte sich zu den beiden. »Nimm dir auch was, Gaston«, sagte er, »und komm zu uns rüber. Wenn wir's schon so nett zusammen haben, darfst du nicht fehlen.«

Gaston setzte sich zu ihnen. Jules, die Zigarette im Mundwinkel, streckte seitlich vom Tisch die Beine weit von sich, das Glas hielt er in der Hand, und im Gesicht hatte er ein kleines listiges Lächeln. Wer ihn nicht kannte, hätte meinen können, er habe eben in gemütlicher Runde einen Scherz gemacht und lache mit den andern. Aber Yves ließ sich nicht täuschen, auch Gaston nicht. Dann sagte Jules und hatte immer noch dieses belustigte und sorglose Lächeln im Gesicht: »Ach, da ist also Madec ganz zufällig nach Paris gekommen, hat ganz zufällig dein Restaurant gefunden. Gut hat er sicher gegessen bei dir. Und nachher hat er dir ganz zufällig erzählt, daß man mir 2,2 Millionen angeboten hat. Und jetzt seid ihr zufällig hier. Sind das nicht nette Zufälle?«

»Was willst du damit sagen?« fragte Yves.

»Aasgeier«, erwiderte Jules.

»Was? Wer?«

»Wer? Du fragst noch: wer? Ich meine, ich war deutlich genug. Aber wenn du es genauer wissen willst: zuerst mal Madec. Dann dein famoser Schwager, mein Herr Schwiegersohn. Und, wenn ich es mir recht überlege: du auch.«

»Das ist doch die Höhe«, rief Armand, »das muß ich mir denn doch nicht gefallen lassen.«

Odette erschien in der Tür. Als sie die vier am Tisch sitzen sah, als sie Yves sah, zögerte sie eine Sekunde, als überlege sie, ob sie umkehren solle. Aber sie hatte sich gleich wieder gefaßt. Sie kam ruhig an den Tisch, sie reichte Armand und Yves die Hand, sie fragte, wie es Anne gehe. Jules rief: »Klar! Das habe ich ganz vergessen: wie geht es Anne?«

»Gut«, erwiderte Armand kurz, immer noch beleidigt.

Sie hatte Yves nicht länger, nicht herzlicher die Hand gegeben als Armand, sie ging gleich zur Theke hinüber.

Yves fragte: »Freust du dich nicht, daß wir hier sind?«

Sie erwiderte, immer noch mit abgewandtem Gesicht: »Natürlich freue ich mich. Warum sollte ich mich nicht freuen?«

»Eben«, erwiderte Yves und tat, als sei er ein wenig

enttäuscht. »Ich muß schon sagen, mit Begeisterung wird man hier nicht gerade empfangen.«

»Odette, komm, setz dich auch zu uns«, sagte Jules.

»Nein«, sagte sie rasch und ein bißchen zu laut. »Lieber nicht. Ich habe noch viel zu tun. Und ihr werdet sicher hungrig sein. Nach einer so langen Reise. Ich gehe kochen.«

»Kommt nicht in Frage«, sagte Jules. »Du bleibst hier.« Und zu Yves und Armand gewandt, fügte er hinzu: »Sie weiß Bescheid über alles. Sie kann mitreden.«

»Warum sollte sie mitreden?« fragte Yves. »Es ist ja nicht ihr Haus.«

»Gewiß nicht, da hast du recht. Aber dein Haus ist es auch nicht. Und Armands Haus ist es noch weniger. Und ihr wollt doch darüber reden.«

Armand hatte es aufgegeben, ein beleidigtes Gesicht zu machen, da es offenbar doch niemand ernst nahm. Aber er bemühte sich jetzt um einen gewichtigen Ton, als er sagte: »Was dir gehört, Papa, gehört auch deinen Kindern. Vergiß das nicht. Noch ein paar Jahre – oh, bitte, versteh mich recht, wir alle gönnen dir noch viele, viele schöne Jahre – immerhin: einmal, in nicht allzulanger Zeit, werden deine Kinder mit dem, was du ihnen hinterläßt, ihr Leben bauen müssen. Darum solltest du auf deine Kinder hören, wenigstens, wenn es um eine so wichtige Entscheidung geht. Oder willst du dir einmal sagen müssen: Ich habe das Glück meiner Kinder einer Marotte geopfert? Ich habe meine Kinder an den Bettelstab gebracht, weil ich nur an mich gedacht habe? Gewiß nicht, Papa. Das willst du doch nicht. Da kenne ich dich zu gut.«

»Setz dich endlich, Odette«, sagte Jules unbeirrt. »Wenn du dich nicht zu uns setzt, rede ich kein Wort über die Sache.«

Sie kam zögernd zum Tisch, holte einen Stuhl, nahm aber nichts zu trinken. »Hast du gehört, wie schön mein Schwiegersohn reden kann, Odette?«

Sie erwiderte nichts, er fragte noch einmal, lauter: »Ob du es gehört hast, will ich wissen.«

Sie nickte, senkte den Kopf und nickte noch einmal. Jules fuhr fort: »Du brauchst dir wegen des Abendessens keine Gedanken zu machen. Die Herren sind nicht hungrig. Wenigstens nicht nach Eßbarem. Sie wittern Geld. Der Herr Bürgermeister hat ihnen einen alten Lappen hingeworfen, sie haben die Witterung aufgenommen. Und was ein guter Jagdhund ist, der verliert die Fährte nicht mehr, wenn er die Witterung mal in der Nase hat. Darum sind sie jetzt hier.«

»Wenn du glaubst, daß du lustig bist, dann irrst du dich«, sagte Yves.

Jules drehte sich jetzt zum Tisch, neigte sich vor, sah Yves direkt ins Gesicht: »Ich wollte nicht lustig sein. Und mit dir könnte ich vielleicht sogar ernsthaft reden. Obschon mich auch bei dir das Kotzen ankommt, wenn ich sehe, wie scharf du aufs Geld bist.«

»Natürlich bin ich scharf auf Geld«, sagte Yves. »Wer ist das nicht?«

»Also wenn du ernsthaft mit mir reden willst, dann bring den da zum Schweigen. Den kann ich nicht ausstehen. Ich kann einfach diese eingebildeten Heuchler nicht ausstehen.«

»Papa«, rief Armand.

»Hör endlich mit deinem blödsinnigen ›Papa‹ auf. Ich bin nicht dein Papa. Gott sei Dank nicht. Du bist der Mann meiner Tochter. Das ist alles. Also schweig. Warum bist du überhaupt hergekommen? Nach deiner Meinung fragt hier niemand.«

»Armand ist für Anne da«, sagte Yves. »Anne konnte nicht kommen. Armand wird dir sagen, was Anne von der Sache hält.«

»Von welcher Sache? Vom Verkauf des Hauses?«

»Natürlich.«

»Gut! Reden wir also über den Verkauf des Hauses. Darüber, wie ihr euch das so vorstellt. Du, Yves – du,

Gaston. Und du, Armand, dir erlaube ich, daß du sagst, was Anne darüber denkt. Wenn sie darüber überhaupt eine selbständige Meinung hat. Aber ich fürchte, das selbständige Denken hast du ihr abgewöhnt. Also redet! Wer fängt an?«

Keiner sagte etwas. Es war, als hätten sie nun plötzlich doch Hemmungen nach seinen harten Worten. Sie glaubten auch nicht, daß er zuhören würde. Aber Jules wollte von ihnen hören, es sei unsinnig, sich gegen die ganze Welt zur Wehr zu setzen, sich mit allen zu verfeinden und unweigerlich in Not zu geraten. Und dann nicht mal von irgend jemandem bemitleidet zu werden. Alle würden denken: der hat es verdient.

Und alles bloß, weil er sich nicht an den Gedanken gewöhnen mochte, ein Haus zu bauen. Weil er von sich selbst dachte, er sei alt und könne sich an nichts Neues mehr gewöhnen. Das sei nicht dasselbe wie bei den Jungen: die seien überall zu Hause.

So sagte Jules schließlich: »Fang du an, Gaston. Du kennst die Lage am besten.«

»Was soll ich sagen?« fragte Gaston und blickte Yves an. »Ich weiß es auch nicht.«

»Aber du weißt, daß er ein Vermögen kriegt«, sagte Yves.

»Klar weiß ich das.«

»Also, was meinst du? Soll er verkaufen oder nicht?«

»Wenn ich mir das überlege«, sagte Gaston, »dann bin ich eher dafür. So viel Geld – das ist natürlich toll. Aber mehr kann ich nicht sagen.«

»Und jetzt du, Yves«, sagte Jules.

»Frag doch nicht! Du weißt, was ich will. Weswegen wir hergekommen sind.«

»Ja. Aber warum ist es dir so wichtig, daß ich verkaufe?«

»Ist doch klar!«

»Ist gar nicht klar. Ich kann euch glatt ein Schnippchen schlagen und noch dreißig Jahre leben. Und dann kriegst du dreißig Jahre lang von dem Geld nicht einen Centime. Also freu dich nicht zu früh. Oder erwartest du, daß ich dir Geld gebe, wenn verkauft ist?«

»Ja, das erwarte ich. Weil ich mich dann bei Armand beteiligen werde. Armand wird vergrößern, den ersten Stock ausbauen.«

»Und du, Armand. Nein – nicht du, Anne! Was meint Anne?«

Armand hätte am liebsten geantwortet, mit dir rede ich nicht mehr. Aber das ging nicht, es stand zuviel auf dem Spiel. »Anne«, sagte er deshalb mit leiser Stimme, »Anne ist derselben Meinung wie Yves. Und wie ich. Mehr brauche ich nicht zu sagen.«

»Nein, das genügt. – Und du, Odette?«

»Mich geht das nichts an«, erwiderte sie rasch. »Ich sage nichts.«

»Doch, sag, was du denkst. Auch wenn es dich nichts angeht.«

»Also gut! Ich würde nicht weggehen. Die sollen ihre Öltanks doch woanders bauen.«

»Es geht nicht um die Öltanks«, sagte Yves aufgebracht. »Es geht um das Geld. Wir wollen uns doch nichts vormachen. Das Geld ist das Wichtige. Für mich. Auch für Anne. Und auch für Gaston. Klar! Ob die hier Öltanks oder eine Arche Noah bauen, das interessiert mich nicht.«

»Und daß ich dann hier weg muß, das interessiert dich auch nicht?« fragte Jules.

»Überhaupt nicht. Du kannst das Hotel sowieso nicht mehr lange halten. Das mußt du einsehen. Gaston geht sicher auch bald weg. Dann bleibt nur Odette bei dir.«

»Ich geh' auch weg«, sagte Odette.

»Nein«, erwiderte Yves. »Du gehst nicht weg. Ich kenne dich. Und weil du nicht weggehst, willst du, daß er nicht verkauft. Und daß ich mich anderswo nicht selbständig machen kann. Du willst, daß ich hierher zurückkehre. Aber da kannst du lange warten, ich komme auf keinen Fall zurück.«

Sie sahen, daß sie mit den Tränen kämpfte. Sie stand auf, ging rasch und ohne ein Wort hinaus. Sie sahen ihr nach, betroffen. Yves sagte kleinlaut: »So habe ich das doch nicht gemeint.«

»Wie denn?« fragte Jules. »Erklär mir das mal. Oder nein, erklär mir nichts. Von dir habe ich für heute genug gehört. Sucht euch die Zimmer aus, laßt euch die Bettücher geben. Eure Betten könnt ihr ja wohl selbst beziehen. Odette muß jetzt kochen. Und ich geh' ins Dorf, ich will mich erkundigen, wann die Scheibe eingesetzt wird.«

»Soll ich mitkommen?« fragte Gaston.

»Nein. Ich will allein sein.«

12

Jules schlief auch in dieser Nacht schlecht wie fast immer in der letzten Zeit. Es machte ihm nichts aus. Er sagte sich, später werde er Zeit genug zum Schlafen haben. Wenn erst das Dach hier über seinem Kopf weg sei und dafür irgendwo ein neues Dach, dann, dachte er, sei Zeit zum Schlafen.

Jetzt horchte er in der Nacht auf den Sturm, der an den Fenstern rüttelte und die Tür des Schlafzimmers schlagen ließ.

Am Morgen stand er früh auf. Früher als sonst. Er wußte nicht, warum er früher aufstand. Später freilich erzählte er gern, irgend etwas habe ihn an diesem Morgen so zeitig aus dem Bett getrieben. So etwas wie eine Ahnung. Auf jeden Fall habe er es einfach im Bett plötzlich nicht mehr ausgehalten.

Er hatte in der letzten Zeit die Kaffeemaschine am Morgen nicht mehr angestellt, bevor er vor die Haustür trat, die Zigarette im Mundwinkel, die Hände in der Manchesterhose vergraben. Er brauchte tagsüber keinen

Kaffee für die Gäste, deshalb stellte er am Morgen nur den kleinen Kessel auf den Herd, schaltete ein und machte Kaffee für sich. Drei Tassen. Das reichte für den Tag.

Aber an diesem Morgen stellte er die Kaffeemaschine wieder an. Er nahm an, Armand und Yves würden auch welchen trinken, da lohnte es sich. Und zudem sollte Yves nicht auch daran merken, daß er es aufgegeben hatte, auf Gäste zu warten.

Dann ging er vors Haus. Die Kälte war schneidend, der Wind blies heftig vom Meer her. Die Wolken hingen tief. Aber kein Nebel. Alles lag nah und grau: die Bucht, das Wasser, die äußersten Häuser von Lornac. Er sah das Schiff weiter draußen auf dem Meer nicht gleich. Er stand schon eine Minute oder länger vor der Tür, und da erst fiel es ihm auf. Ein Tanker. Viel zu nah an der Küste, dachte Jules. Höchstens einen Kilometer oder zwei von der Küste entfernt. Der muß verrückt sein, dachte er, dieser Kapitän. Der riskiert aufzulaufen. So nah darf er gar nicht kommen.

Und dann merkte er auch, daß der Tanker sich nicht bewegte. Einfach dalag und in seiner ungeschlachten Form aus dem Wasser ragte, so hoch, wie Schiffe auf Kinderzeichnungen aus dem Wasser ragen.

Jules ging zurück ins Haus. Er trank seine zwei Tassen Kaffee im Stehen, ging wieder hinaus, blickte zum Schiff hinüber. Es hatte sich nicht vom Fleck bewegt. Er dachte nicht daran, das Schiff könnte bereits aufgelaufen sein, er dachte nur, das sei wieder einer von diesen idiotischen Kapitänen, die, um ein paar Francs zu sparen, den vorgeschriebenen Kurs verlassen und zwischen den Klippen hindurch Passagen suchen.

Er versuchte noch, sich über die genaue Position des Schiffes klarzuwerden, als Gaston herauskam. Jules zeigte auf das Schiff, sagte: »Auch so ein Esel, der den kürzeren Weg einschlagen wollte. Und jetzt weiß er nicht mehr weiter.«

»Das ist ein Tanker«, sagte Gaston.

»Natürlich. Warum?«

»Vielleicht ist er aufgelaufen.«

»Du meinst, das könnte so etwas sein wie vor elf Jahren die ›Torrey Canyon‹?«

»Vielleicht«, sagte Gaston.

Es war zu kalt draußen. Sie gingen wieder ins Haus. Kurz darauf kam Odette. Sie brachte Brötchen mit, eine ganze Menge, auch für Yves und Armand. Sie hatte den Tanker noch nicht gesehen, aber sie war nicht besonders beeindruckt. Sie sagte einfach: »Der wird schon wieder wegfahren. Vielleicht hat er einen Maschinenschaden.«

»Wenn der aufgelaufen ist und Öl fließt aus, dann haben wir die Schweinerei bald hier. Bei dem Wind«, sagte Jules.

»Man muß nicht immer gleich das Schlimmste annehmen«, meinte Gaston.

Sie beobachteten jetzt den Tanker fast ununterbrochen. Nach einer Weile erschien unerwartet Dubois. Ob sie den Tanker dort draußen gesehen hätten, fragte er.

Dann tauchte ein Hubschrauber über dem Schiff auf, da wußten sie, daß es sich um eine ernste Sache handelte.

»Es ist möglich, daß Menschen in Gefahr sind«, sagte Jules. »Vielleicht sollte man hinausfahren. Vielleicht könnte man helfen.«

»Menschen sind nicht in Gefahr«, sagte Dubois. »Die werden sicher mit dem Hubschrauber gerettet.«

»Bei diesem hohen Wellengang käme man ohnehin nicht nahe genug heran.«

»Hoffentlich gibt das keine Katastrophe wie vor elf Jahren«, sagte Dubois. »Das hätte uns gerade noch gefehlt. So nahe vor unserer Küste.«

»Wir können zum Hafen hinuntergehen, vielleicht erfährt man mehr«, sagte Jules.

Mehr als ein Dutzend Männer hatten sich bereits versammelt, blickten hinaus aufs Meer und den riesigen Leib des Schiffes. Man sah ihren Gesichtern an, daß sie wußten, was dort draußen geschehen war.

Jules, Gaston und Odette blieben ein wenig abseits von den andern stehen. Dubois ging zu ihnen hinüber. Einer sagte laut: »Bis zu uns kommt das nicht. Glaub' ich nicht. Auch wenn jetzt ein bißchen Öl ausläuft, das ist heute nicht mehr wie früher. Wie noch vor elf Jahren bei der ›Torrey Canyon‹. Heute sind die Tanker anders gebaut. Da fließt nicht mehr viel Öl aus.«

Ja, so konnte es sein. Jeder hoffte, es möge so sein. Jules ging langsam auf der Mole hinaus zu seinem Fischerboot, blieb einen Augenblick dort stehen, kam langsam wieder zurück, sagte: »Ich fahr' hinaus. Ich schau' mir das aus der Nähe an. Willst du mitkommen, Gaston?«

»Sicher«, erwiderte Gaston.

Die Männer verharrten wortlos. Sie sahen alle zu Jules hinüber. Seit Tagen sprachen sie nicht mehr mit ihm, und sie konnten nicht auf einmal so tun, als wäre nichts geschehen.

»Ich geh' zum Boot«, sagte Jules ruhig und ohne zu den andern hinüberzuschauen. »Odette, du kannst Yves wecken. Frag ihn, ob er mit hinausfahren will. Bei dem Wetter kann ich ihn brauchen.«

Odette zögerte ein paar Sekunden, wollte etwas entgegnen, etwas einwenden, aber dann sah sie die Entschlossenheit in Kerjeans Gesicht und begriff, daß sie jetzt keine Rücksicht auf ihren Stolz, ihre Empfindlichkeit nehmen durfte. Daher sagte sie nicht: »Ich wecke Yves nicht. Sonst glaubt der womöglich noch, ich laufe ihm nach.«

Sie begriff, es war jetzt nicht der Augenblick, an so etwas zu denken. Sie machte sich ohne ein Wort auf den Weg zum Haus.

Jules und Gaston standen keine fünf Meter von den schweigenden Männern entfernt. Jetzt, bei der Flut und dem heftigen Sturm war die Brandung so hoch, daß die Wellen mit ungebrochener Kraft an die Kaimauer schlugen, und man spürte ihr Aufklatschen sogar vorn an der Mole, wo Jules stand. Der Boden zitterte, die Wellen brachen sich an der Mauer, die Gischt sprühte über die Straße bis zu den Häusern auf der anderen Seite.

»Komm«, sagte Jules, »wir machen das Boot klar.«

Einer aus der Gruppe der Männer sagte: »Jetzt kann man nicht raus. Zu gefährlich. Jetzt wirft es einen auf die Felsen.«

Er sagte es so, als sei es eine allgemeine Feststellung.

»Dich hab' ich nicht gefragt«, sagte Jules.

»Zu dir hab' ich auch nichts gesagt.«

Damit war das Redeverbot, das sie sich selbst auferlegt hatten, nun doch gebrochen. Einer, es war der junge Motron, sagte: »Wenn du willst, fahre ich mit dir.«

»Nein«, erwiderte Jules. »Ich will nicht. Yves kommt gleich.«

»Ist Yves denn hier?« fragte Dubois.

»Ja. Gestern ist er gekommen. Und weißt du, warum?«

»Nein. Wie sollte ich das wissen.«

»Er will mir auch zureden, daß ich verkaufe.«

»Ist doch jetzt nicht der Augenblick, über so etwas zu reden«, sagte einer der Männer. »Wenn das da draußen ein voller Tanker ist, dann können wir uns auf etwas gefaßt machen. Das ist nämlich einer von der neuen großen Sorte. Ein Supertanker.«

Jules ging mit Gaston zu seinem Boot. Sie deckten es ab. Gaston fragte: »Hast du genug Treibstoff?«

»Für eine so kurze Fahrt habe ich immer genug.«

Die Männer waren langsam und wie unabsichtlich näher gekommen. Sie sahen den beiden bei ihren Vorbereitungen zu.

Einer sagte: »Ich rate dir ab, Jules. Jetzt kannst du nicht hinausfahren. Ist zu gefährlich.«

Jules war jetzt, da er eine Arbeit zu verrichten hatte, gut gelaunt. Er streckte sich, er lachte sogar. Er sagte: »Ich habe dir nie vorgeschrieben, wann du deine Artischocken pflanzen sollst, oder? – Dann mach du deine Arbeit, und ich mach' meine. Ob wir hinauskommen oder nicht, das weiß ich besser als du.«

»Aber an den Tanker heran kommt ihr nicht«, sagte einer. »Das ist sicher.«

»Ich will nicht an den Tanker heran, ich will bloß

wissen, was dort draußen eigentlich los ist. Und wenn ich zurückkehre, weiß ich es.«

Yves kam. Er lief, er war außer Atem. »Du willst hinausfahren?« fragte er.

»Sicher. Warum fragst du?«

»Weil es verdammt gefährlich ist. Das weißt du genau.«

»Wir raten ihm alle ab«, sagte Dubois. »Aber der hört auf niemanden.«

»Nein«, sagte Jules. »Ich höre auf niemanden. Ich fahr' hinaus. Keiner braucht mitzukommen, auch Gaston nicht.«

»Hab' ich denn gesagt, ich komme nicht mit?« fragte Gaston böse.

Yves sprang ins Boot. Auch er lachte. Er sagte zu den Männern am Ufer: »Wenn mein Alter etwas im Kopf hat, hat er es nicht im Arsch. Also los, fahren wir!«

»Du brauchst nicht mitzukommen«, sagte Jules, »wenn du Angst hast.«

Sie waren nur ein paar Schritte voneinander entfernt, aber sie mußten schreien, um verstanden zu werden. So laut heulte der Sturm. »Natürlich habe ich Angst«, schrie Yves. »Du hast auch Angst. Aber du willst denen da zeigen, daß du noch kein alter Mann bist. Du willst denen zeigen, daß das für dich bloß so etwas wie eine Spazierfahrt ist. Alles bloß Aufschneiderei, ich kenn' dich doch, Papa. Aber ich mach' mit.«

»Scher dich zum Teufel«, rief Jules. »Ich brauch' dich nicht.«

»Und wie du mich brauchst. Weshalb hast du denn Odette zu mir geschickt?«

Sie waren jetzt bereit. Yves stand oben am Ruder, Jules ließ den Motor an. Sie hatten alle drei ihre Schwimmwesten übergestreift, Gaston löste das Tau, sprang ins Schiff. Jetzt hatten sie den gefährlichsten Augenblick vor sich: hinausgelangen ins offene Meer, den richtigen Augenblick wählen, so daß die Welle sie hinaustrug und nicht zurück an den Pier warf. Das Schiff schwankte, als sei es unschlüssig, wem es gehorchen solle: dem Druck der Wellen, die es zurückhielten, oder dem des Motors, der es vorwärtsdrängte.

Sie wußten, daß sie es schaffen würden. Es kam darauf an, die Wellen im richtigen Winkel zu schneiden und das Ruder mit ganzer Kraft festzuhalten und nicht um einen Zoll nachzugeben. Jetzt waren sie schon ein Stück vom Pier entfernt, und die Gefahr, zu zerschellen, war geringer geworden. Jules blickte hinauf zu Yves. Er hielt das Ruder noch immer mit beiden Händen, er nickte dem Vater aufmunternd zu: geschafft!

Als sie weiter draußen waren, schon hundert Meter oder mehr vom Ufer entfernt, und das Tosen der Brandungswellen nachgelassen hatte, rief Yves den beiden zu: »Wenn wir ersaufen, ersaufen wir wenigstens alle miteinander. Dann bleibt nur Anne übrig.«

»Hast du Angst?« fragte Jules.

»Nein«, schrie Yves. »Nicht mit dir. Du kennst das Meer wie kein anderer.«

Gaston, der sich neben den Vater auf den Boden kauerte, nickte zustimmend. Jules lachte. Die Antwort hatte ihm gefallen. Er stieß Gaston an: »Und du?«

Gaston schüttelte den Kopf. Er mochte nicht reden. Es war sein erster Sturm auf dem Meer. Obgleich er sich tief duckte, sah er doch die hohen Wellen anrollen, spürte, wie das Schiff angehoben und wieder hinuntergeworfen wurde, daß die Planken zitterten. Er hatte keine Angst, im Gegenteil. Das war ein neues und unerhörtes Gefühl: er und das Meer! Noch nie hatte er das so klar gefühlt, dieses auf du und du sein mit dem Meer. Er sprach mit den Wellen, wenn sie hoch über ihm, fast senkrecht über ihm standen. Er sprach mit ihnen, ohne die Lippen zu bewegen. Das war viel mehr, als man mit Worten ausdrücken konnte. Die ganze Lust und die ganze Gefahr des Lebens in einem einzigen Augenblick auskosten, in dem Augenblick, da die Welle sich wie ein schwarzer Berg, wie ein Ungeheuer vor dir auftürmt. Sie hebt den Bug des

Schiffes in den Himmel. Wenn sie in der nächsten Sekunde das Schiff hinunterwirft ins Wellental, steht schon wieder eine Welle vor dir, schwarz und hoch. Und darüber die Wolken. Nichts als Wellen und Wolken.

Nach zehn Minuten Fahrt wußten sie es. Sie waren noch weit vom Tanker entfernt. Sie sahen, daß die Wellen ihre weißen Schaumkronen verloren hatten, und dies war das erste, woran sie es merkten, diese dunkle Zone im Meer. Erst nachher rochen sie es. Das Öl.

Jules stellte den Motor ab. Er hatte nicht in den Ölteppich hineinfahren wollen, aber jetzt waren sie schon eingeschlossen, und sie wußten nicht, fuhren sie hinein oder floß ihnen das Öl so schnell entgegen. Die Wellen gingen immer noch hoch, aber sie waren nicht mehr so ungestüm. Sie lagen eher wie breite braune Furchen da, wie Furchen in einem ungeheuer großen Acker. Das Boot drehte sich, und Jules mußte den Motor wieder anlassen, damit sie nicht abtrieben.

»Zurück«, rief Yves. »Wenn ich länger in diesem Gestank bleibe, wird mir übel.«

Sie wendeten. Die erste Welle, die über Deck schwappte, überzog das Boot mit einer dunkelgrauen Ölschicht. Sie fuhren nicht mit voller Kraft, sie hatten es nicht eilig. Wenn der Sturm anhält, dachte Jules, haben wir den Dreck heute nacht am Ufer. Er stieß Gaston an, deutete hinüber gegen Portsall. Dort hatte das Öl das Ufer fast erreicht.

»Die Moules, die Muschelbänke«, sagte Gaston.

»Ja, das geht alles kaputt.«

»Dort, die Möwe«, rief Gaston und zeigte nach hinten, wo der Vogel nur ein paar Meter entfernt mit verschmutztem Gefieder auf dem Öl schwamm. Die Möwe versuchte noch einmal, die Flügel zu heben, es gelang ihr nicht. Sie schien sich nicht zu wehren. Sie versank, ohne sich zu bewegen. Nicht schnell, eher wie eine Schale, die sich langsam mit Wasser füllt und untergeht. Es war – vor allem für Gaston – ein grauenhafter Anblick, wie der

Vogel mit stiller Selbstverständlichkeit versank. Ohne einen Laut.

Sie hatten den Ölteppich bald hinter sich gebracht. Wenn der Gestank nicht gewesen wäre, hätte man meinen können, sie kehrten von einer gewöhnlichen Fahrt in den Hafen zurück. Von einem Fischfang etwa oder von einem Ausflug nach der Île d'Ouessant, jener einsamen Insel, die dem westlichsten Zipfel der Bretagne vorgelagert ist.

Sie sahen jetzt auch, als sie sich der Mole näherten, daß sich noch mehr Leute dort angesammelt hatten.

Jules sagte zu Gaston: »Du siehst aus, als hättest du die Pest, so gesprenkelt bist du im Gesicht. Und schau deine Schwimmweste an: Wir haben einen Pestkranken an Bord, Yves.«

Er wollte den Jungen aufheitern, es gelang ihm auch. Gaston erwiderte: »Sieht das so aus, Pest? Ich meine, so kleine dunkle Flecken?«

»Ich weiß nicht. Ich habe noch keinen Pestkranken gesehen. Aber es könnte sein, nicht?«

»Trockne die Tränen«, sagte Yves. »Die brauchen nicht zu sehen, daß du geweint hast.«

»Warum nicht?« fragte Jules. »Warum soll er nicht weinen? Wenn sein Land zum Teufel geht? Die werden alle bald auch weinen. Wenn die erst sehen, was wir gesehen haben.«

Die Männer am Ufer erwarteten Jules' Rückkehr.

»Das versteht er, ein Boot zu steuern, das muß man ihm lassen«, sagte einer.

Die anderen schwiegen. Sie hatten sich gegen Kerjean gewandt, weil sie dachten, er sei nicht nur gegen den Fortschritt, sondern auch dagegen, daß Arbeit ins Dorf gebracht werde. Nun waren sie auf einmal nicht mehr so sicher. Öltanks waren gut. Zusätzliche Arbeit auch. Aber das hier, das war auch Öl. Und das war sicher nicht so gut.

»Es hat eben alles zwei Seiten«, sagte Dubois. Er brauchte nicht zu erklären, was er meinte. Man schwieg. Alle dachten dasselbe: offenbar bringen Öltanks nicht nur

Vorteile, und was ist, wenn so ein Tank aus irgendeinem Grund leck wird und ausläuft?

Yves hatte größere Mühe, das Boot wieder unbeschädigt in den Hafen zu bringen, als er beim Auslaufen gehabt hatte. Aber jetzt standen die Männer bereit, sie sprangen in die andern Boote und halfen ihnen, und nach ein paar Minuten hatten sie es gemeinsam geschafft. Das Boot lag wieder vertäut an seinem Platz.

»Das ist Öl, was du da an den Planken hast«, sagte einer.

Die drei stiegen aus, Gaston machte ein trotziges Gesicht. Ihm war jetzt nicht mehr zum Weinen; das Weinen war über ihn gekommen, als er den Vogel ohne Kampf und mit weit geöffneten Augen hatte versinken sehen. Aber jetzt, als die Männer sie umringten, das Boot mit den Ölflecken betrachteten und auf ihren Bericht warteten, jetzt fiel ihm wieder ein, daß die alle für den Bau von Öltanks waren, dafür, daß Vater verkaufte. Er sagte: »Ihr hättet uns nicht zu helfen brauchen, das hätten wir allein geschafft.«

»Wieso hätten sie uns nicht helfen sollen?« fragte Jules. Aber er wußte, was sein Sohn gemeint hatte. Er lachte kurz auf und sagte: »Man lebt eben miteinander. Auch wenn die andern Holzköpfe sind.«

Sie erwiderten nichts, sie ließen sich das ohne Widerrede gefallen. Dubois sagte: »So erzähl doch!«

»Da gibt es kaum was zu erzählen«, erwiderte Jules. »Riechst du es nicht?«

»Natürlich riecht man's«, sagte einer.

»Schaut euch mein Boot an. Außen und innen. Wir sind bloß hineingefahren und haben sofort gewendet. Gaston saß vorn. Schaut ihn euch an! Öl im Gesicht und überall. Was gibt's da zu sagen? Das kann man sich nicht vorstellen, was das heißt, wenn das Öl die Küste erreicht. Das ist so wie vor elf Jahren. Vielleicht noch schlimmer.«

»Wenn bloß der Wind umschlagen würde«, sagte jemand, »damit das Öl ins offene Meer hinaustreibt.«

»Daran glaubst du selber nicht«, meinte Jules. »Der

Wind schlägt nicht um. Der bleibt noch zwei, drei Tage. Ich denke, das Öl erreicht heute abend die Küste. In Portsall drüben hat es bereits die Muschelbänke erreicht.«

Die Männer schauten sie an. Jules wandte sich zum Gehen, Yves und Gaston folgten ihm. Die Männer öffneten schweigend den Halbkreis und ließen sie durch. Jules schleppte sein linkes Bein mühsam nach. Er sagte im Weggehen: »Ich hätte nicht hinausfahren sollen. Das war zu kalt. Und zu feucht. Jetzt ist wieder die Hölle los in meinem Knie.«

13

In der folgenden Nacht schlief wahrscheinlich kaum jemand an der nordwestlichen Küste der Bretagne. Man konnte nicht einfach abschalten und sich einreden: es hilft ja doch nichts, wach zu bleiben, man kann nichts tun. Der Ölgeruch war durchdringender geworden, immer gegenwärtig, und er hinderte die Einwohner von Lornac daran, in dieser Nacht an etwas anderes zu denken als an den massigen Tanker, der zwei Kilometer vor der Küste mit Schlagseite im Wasser lag.

Der Ölteppich erreichte in dieser Nacht die Küste und überzog die weiten Sandstrände, die Buchten, die Felsen, in denen Zehntausende von Vögeln nisteten, in denen Millionen von Meerestieren lebten, mit dieser dicken, zähen Masse.

Der Sturm hatte sich nicht gelegt. Als im Morgengrauen – kaum daß die Umrisse des Tankers sich vom heller werdenden Himmel abhoben – die Leute, die am Ufer wohnten, die Fensterläden öffneten, spürten sie das Öl an ihren Händen, weil der Wind es in feinsten Tröpfchen weit ins Landesinnere trug. Sie hörten, daß die Wellen dumpfer als sonst an die Kaimauer schlugen, als seien sie träger geworden.

Sie sahen noch nichts, sie hatten Licht in den Zimmern, sie hoben sich wie dunkle Schatten in den Fenstern ab, sie warteten unbeweglich, erschrocken, verzweifelt. Sie wußten, daß das Öl die Küste überschwemmt hatte. Die Nacht hatten sie an den Tischen ihrer Wohnzimmer zugebracht, sie hatten schweigend die Meldungen im Radio gehört. Vielleicht hatten sie anfangs noch Hoffnung gehabt, es werde sich doch noch alles zum Guten wenden oder es könne wenigstens das Schlimmste verhindert werden. Aber sie hatten nur erfahren, daß der Tanker »Amoco Cadiz« hieß, daß er über 200 000 Tonnen Öl geladen hatte, daß er im Sturm auseinanderzubrechen drohe. Daß man versuchen werde, das Schiff in einen Hafen zu schleppen.

Jules, Yves und Gaston verbrachten die Nacht in der Bar unten. Armand war zu Bett gegangen. Er hatte gesagt: »Es hat keinen Sinn, wach zu bleiben. Damit ändert ihr nichts. Im Gegenteil, wenn ihr jetzt ausruht, werdet ihr morgen eher etwas unternehmen können.«

Natürlich hatte er recht. Yves sagte es ihm: »Du hast recht. Leg dich zu Bett. Wir gehen später auch schlafen. Aber im Augenblick sind wir nicht müde.«

Armand war kein Bretone. Für den war das Ganze ein bedauerlicher Unfall. Der konnte in zwei oder drei Tagen abreisen und alles vergessen. Oder sich nach dem Essen zu seinen Gästen setzen und erzählen: »Ihr glaubt nicht, wie das aussieht...« Was diese Katastrophe für sie bedeutete, konnte er nicht begreifen. Es war ihr Land, ihre Heimat, das in diesen Tagen im Öl ertrank.

Der Radiosprecher meldete, der Kapitän des Tankers sei verhaftet worden, die Regierung habe in einer Sondersitzung alle notwendigen Maßnahmen beschlossen, um eine Katastrophe abzuwenden. Allerdings erschwere der gegenwärtig herrschende Sturm die Bergung des Tankers, aber man hoffe, daß der Wind bald umschlage.

»Die hoffen!« sagte Jules. »Die können nichts tun als hoffen. Das können wir auch. Dazu brauchen wir die in Paris nicht. Wir können auch hoffen, daß der Wind umschlägt. Vielleicht schlägt er um. Vielleicht tut er uns den Gefallen. – So ein Mist! Als ob die nicht genausogut wüßten wie wir, daß der Sturm in den nächsten Tagen bleibt.«

»Was ist, wenn alles Öl ausfließt? – Ich meine alle 200000 Tonnen«, fragte Gaston.

»Was soll sein? Dann ist eben alles kaputt. Die ganze Nordküste der Bretagne. Die Fischer können nicht mehr ausfahren. Man kann hier nicht mehr leben.«

Kerjean ging an die Theke. »Mein Knie tut so verflucht weh«, klagte er. »Willst du auch was trinken, Yves?«

»Einen Pernod.«

Gaston holte die Getränke von der Bar, sie setzten sich wieder und warteten auf weitere Nachrichten. Doch immer kamen dieselben Meldungen durch, die Regierung werde alles in ihrer Macht Stehende tun, um eine Katastrophe von der Küste der Bretagne abzuwenden.

»Ist schon zu spät«, sagte Jules. »Es ist jetzt drei Uhr. Wenn wir in zwei Stunden an den Strand gehen, ist alles schon versaut. Jetzt meldet sich bestimmt kein Gast mehr bei mir für den Sommer. Und die, die sich schon angemeldet haben, bestellen ab. So ist das. Ist doch kein Mensch verrückt genug, hier den Urlaub zu verbringen, wo es kein Wasser mehr gibt. Nur stinkendes Öl. So stinkig, daß man jede halbe Stunde kotzen könnte. Wenn die Gäste abbestellen und das Hotel diesen Sommer leer bleibt, dann weiß ich nicht, was ich tue.«

Vielleicht erwartete er, Yves würde antworten, dann mußt du eben rasch verkaufen, bevor die den Preis runterdrücken. Aber Yves schwieg. Jules sah ihn an, er dachte, der hört mir gar nicht zu. Er wollte fragen: Woran denkst du? Aber da kamen wieder Nachrichten. Nichts Neues, nur Altes mit neuen Worten gesagt: die Regierung trifft Maßnahmen. Tanker sind unterwegs, um Öl abzusaugen. Experten sind der Ansicht, daß man keine Bindemittel verwenden darf, weil sonst die ganze Flora und Fauna der Bretagne zugrunde geht. Der Tanker »Amoco Cadiz« fährt unter liberianischer Flagge.

Lauter Dinge, die sie bereits mehrmals in dieser Nacht gehört hatten. Als der Morgen graute, sagte Yves: »Wir können jetzt hinuntergehen und uns den Strand ansehen.«

»Ich brauche nicht hinunterzugehen«, erwiderte Jules. »Ich kann mir vorstellen, wie es aussieht. Nach dem Unfall der ›Torrey Canyon‹ vor elf Jahren waren die Fischgründe sechs Jahre lang kaputt. Das hier ist noch schlimmer. Das hält das Meer nicht aus. Ich sag' euch: jetzt ist alles kaputt.«

Als sie vors Haus traten: Armand, Yves und Gaston, sahen sie, daß auch ihre schlimmsten Erwartungen übertroffen worden waren. Soweit sie die Küste überblicken konnten, hatte das Öl die Strände grau, die Felsen schwarz gefärbt. Der Tanker lag immer noch unbeweglich am selben Ort. Nur hatte er sich noch ein wenig mehr zur Seite geneigt.

Armand sagte: »Ich gehe wieder ins Haus. Ich komme nicht mit an den Strand, sonst ist mein Anzug hin. Aber zuerst will ich noch den Wagen hinter das Haus stellen, sonst ist er bis zum Abend von einer Ölschicht überzogen.«

Auch Yves und Gaston kehrten ins Haus zurück und zogen ihre hohen Stiefel an. An diesem Morgen ging in Lornac und sicher auch in allen anderen Küstenorten im Norden der Bretagne niemand seiner gewohnten Arbeit nach. Die Leute säumten den Strand auf der ganzen Länge von fast zwei Kilometern. Yves und Gaston gingen hinunter zum Hafen. Auch dort standen die Menschen dicht gedrängt, schweigend und untätig. Die Katastrophe hatte sie gelähmt. Sie sahen da und dort Vögel in der Brühe untergehen. Die Leute sprachen nicht, sie zeigten nur mit der Hand dorthin, wo wieder einer versank.

Allmählich formte sich in der Menge doch so etwas wie ein gemeinsamer Wille, etwas zu unternehmen. Wenn auch jeder wußte, alles war lächerlich, was sie gegen dieses unabsehbare Meer des Grauens unternahmen, so war es doch besser, das Lächerliche zu tun, als einfach herumzustehen, den Gestank einzuatmen, von dem einem übel wurde, mit Ölspritzern auf Gesicht und Händen, die aussahen wie verkrustete Wunden. Dieser Wille, irgend etwas zu tun, formte sich langsam, man wußte nicht wie. Einer sagte: »Man sollte etwas tun«, ein anderer antwortete: »Ja, aber was?«

Und aus solchen Worten ergaben sich Taten, vereinzelte, sinnlose vielleicht. Da zog einer ein Schiffstau aus der Brühe, ein anderer fischte einen toten Kormoran aus dem Wasser, packte ihn am Hals und trug ihn auf die mit spärlichem Gras bewachsene Düne.

Allmählich kam Bewegung in die Menschen. Da hieß es auf einmal, man müsse das Öl irgendwie abschöpfen, besser das tun als gar nichts. Die Landwirte sollten mit ihren Jauchepumpen anrücken und das Öl absaugen.

Das Meer ging zurück, es war Ebbe. In der Bretagne ist der Unterschied zwischen Ebbe und Flut sehr groß, an einer Senkrechten gemessen zwischen 8 und 12 Metern. Der flache Sandstrand lag nun ein paar hundert Meter weit schwarz und dunkelgrau da. Jetzt war es Zeit, den Ölschlamm wegzuschaufeln.

Später kam Madec an den Hafen, mit ernstem Gesicht. Man schicke Öltankwagen mit Absaugvorrichtungen, auch die Armee schicke Wagen, man versuche alles. Er habe lange mit dem Präfekten gesprochen, und er gehe gleich wieder zurück ins Büro, weil er auch mit Paris reden wolle. Darauf könne man sich verlassen, daß alles geschehe, um das Schlimmste zu verhindern.

Es machte den Leuten wenig Eindruck, daß der Bürgermeister versprach, alles zu tun, um das Schlimmste zu verhindern. Sie erwiderten, das Schlimmste sei bereits eingetreten.

Yves machte den Vorschlag, sie sollten weiter hinten, aber nicht zu weit weg vom Strand, Gruben ausheben und sie mit Kunststoff-Folie abdichten. Dann könnte man den mit Öl verkrusteten Sand in den Gruben sammeln, die

Wagen mit den Absaugern könnten ihn von dort leichter und schneller wegtransportieren.

Vielleicht war dieser Vorschlag wenig oder nichts wert. Aber sie nickten zustimmend. Sie machten sich auch alle mit Hacken und Schaufeln an die Arbeit. Madec sagte, er lasse aus seinem Lager Kunststoff-Folie herschaffen, das gehe auf seine Rechnung, er tue buchstäblich alles, um dem Ort eine Katastrophe zu ersparen. Mit dieser Folie könne man die Gruben abdichten.

Die Bauern der Umgebung fuhren bald darauf mit ihren Jauchewagen heran. Wer ein geeignetes Gefährt hatte, brachte es an den Strand, und während weiter hinten die Gruben ausgehoben und mit Folie ausgekleidet wurden, begannen die Leute am Strand mit rührendem Eifer, den schweren öligen Sand eimerweise wegzutragen.

Als am Mittag das Wasser wieder stieg, sah man, daß der Ölteppich dicker geworden war. Er bedeckte den Strand wieder mit einer Ölschicht, und alle Arbeit des Morgens war umsonst gewesen. Dennoch arbeiteten sie weiter. Wenn sich einer mit schmerzendem Rücken aufrichtete und rief: »Das hat alles keinen Sinn!« Wenn ein anderer meinte: »Das ist, als wenn man mit einem Teelöffel ein Schwimmbad leeren wollte«, so wurde ihm nicht geantwortet. Alle mühten sich weiter ab, wahrscheinlich weniger in der Hoffnung, den Strand zu retten, sondern eher, um nicht an das denken zu müssen, was diese Katastrophe für ihre Zukunft bedeutete.

Gaston arbeitete mit den andern. Einmal, als er aufblickte, bemerkte er oben auf der Kaimauer Marie-Louise, und obwohl er fast hundert Meter von ihr entfernt war, wußte er doch, daß sie zu ihm rübersah. Er hatte sich gleich wieder bücken und weiterarbeiten wollen. Aber dann schaute er doch ein bißchen länger zu ihr hinauf. Was wollte sie hier? Und jetzt hob Marie-Louise zaghaft, fast schüchtern die Hand und winkte – bewegte nur die Finger ein wenig. Aber er sah es, es war ein Winken, er sah jetzt auch ihr kaum angedeutetes Lächeln.

Es galt ihm, das Lächeln und das Winken. Er konnte es kaum glauben. Er hob jetzt auch die Hand, winkte zurück, bückte sich schnell wieder und arbeitete weiter. Aber nur noch einen Moment. Daß Marie-Louise da oben auf der Mauer stand und ihm zuwinkte, beunruhigte ihn plötzlich mehr als alles Öl auf dem Meer.

Er hielt es einfach nicht mehr aus, steckte die Schaufel in den braunen, zähen Schlamm und stapfte mit seinen schweren Stiefeln zu ihr hinauf.

»Was tust du hier?« fragte er.

»Mein Vater ist da drüben. Beim andern Strand. Ich bin mit ihm hergekommen. Ich möchte helfen, aber ich weiß nicht, was ich tun soll.«

»Irgend etwas«, sagte Gaston. »Tu einfach irgend etwas.«

»Ich möchte etwas tun, das einen Sinn hat.«

»Nichts hat mehr Sinn. Tu einfach etwas so wie ich.«

»Am liebsten möchte ich die Vögel retten«, sagte Marie-Louise.

»Man kann sie nicht retten«, erwiderte er. »Ich hab' schon zwei in der Hand gehabt. Die sind so verklebt, die kann man nicht reinigen. Die gehen auf jeden Fall zugrunde.«

»Ein Tierarzt könnte es vielleicht«, sagte Marie-Louise.

Das brachte ihn auf einen Gedanken. Den Tierarzt fragen! Er rief: »Klar! Komm mit, Marie-Louise, ich hol' mein Mofa, wir fahren zum Tierarzt. Vielleicht kann Dr. Cohn uns sagen, was zu tun ist.«

Sie liefen hinauf zum Haus, er holte das Motorrad, sie setzte sich hinter ihn, legte die Arme um seine Brust, lehnte den Kopf an seinen, und er fuhr los. Eine Fahrt wie früher, schöner noch, weil er schon gar nicht mehr zu hoffen gewagt hatte, daß es eine solche Fahrt noch einmal geben könnte. Als hätten sie keinen Streit – nie Streit gehabt.

Sie brauchten nicht bis zum Haus von Dr. Cohn zu fahren, der auf halbem Weg zwischen Lornac und Portsall wohnte. Sie bemerkten im Vorüberfahren, daß man verschmutzte Vögel in Körben zum Schulhaus brachte. Gaston hielt an, ging ins Haus, und da sah er, daß der Tierarzt offenbar schon seit einiger Zeit mit Helfern an der Arbeit war. Man hatte die Waschküche im Schulhaus hergerichtet, auf einem Brett lagen die Vögel mit ihrem verklebten Gefieder: Seemöwen und Kormorane. Sie waren zugedeckt, nur ihre Hälse und die Köpfe mit den erstaunten Augen ragten unter der Decke hervor.

»Können wir auch Vögel bringen?« fragte Gaston.

»Natürlich«, sagte ein Helfer des Arztes. »Bring soviel du kannst. Die meisten können wir retten.«

Gaston und Marie-Louise fuhren zurück zur flachen Sandbucht neben dem Hafen. Sie wateten in ihren hohen Stiefeln durch den glitschigen Schlamm, sie hielten sich fest an den Händen, und wenn sie einen Vogel sahen, ergriffen sie ihn und legten ihn behutsam in den Korb, den Gaston trug. Aber bald merkten sie, daß die Tiere zugedeckt werden mußten. Wenn sie einen Vogel in den Korb legten und der noch genug Kraft hatte, sich aufzurichten, hüpfte er aus dem Korb zurück in den öligen Schlick und ging augenblicklich unter.

Aber insgesamt konnten sie an diesem Tag doch über fünfzig Vögel ins Schulhaus bringen. Es war eine mühsame Arbeit, dieses Waten durch den zähen Schlamm. Ihre Hände brannten, weil sie keine Handschuhe trugen. Aber es war doch eine sinnvolle Arbeit, und sie waren beisammen. Sie sprachen nur das Nötigste miteinander, nur, was die Vögel betraf. »Hier habe ich einen – deck ihn gut zu.« Doch Gaston hätte sie gerne etwas gefragt. Lange Zeit wagte er es nicht, und dann plötzlich doch: »Bist du nicht mehr böse?«

»Nein«, erwiderte sie rasch und so bestimmt, als komme es ihr auf dieses Nein besonders an. »Ich war nie böse. Es war ja bloß wegen Vater. Aber jetzt hat er gesehen, wie das mit dem Öl ist. Heute morgen, als wir wegfuhren, hat er gesagt: ›Kerjean hat wahrscheinlich nicht so unrecht. Das ist wohl nichts für uns, das Öl. Zu gefährlich!‹«

»Dein Vater ist schon in Ordnung«, sagte Gaston. »Mir wär' es gleich, wenn Vater verkaufte. Aber er will eben nicht. Da kann man nichts machen.«

»Willst du heute abend zu uns kommen? Zu mir nach Hause?«

Gaston war wieder überrascht. Daß sie nicht mehr böse war, das begriff er. Aber daß sie ihn einfach zu sich nach Hause einlud, nicht als Belohnung dafür, daß er sie heimgebracht hatte, das war ganz neu. Weil er nicht gleich antwortete, fügte Marie-Louise hinzu: »Natürlich nur, wenn du möchtest.«

»Ich möchte gern«, sagte er.

»Du kannst auch bei uns zu Abend essen. – Wenn du möchtest.«

»Ich möchte gern«, erwiderte er noch einmal.

Dann war das erledigt, und sie arbeiteten schweigend weiter, sammelten Vögel, brachten sie ins Schulhaus.

Als es Abend wurde, konnten sie sich kaum mehr auf den Beinen halten. In der Dämmerung waren die Vögel fast nicht mehr zu erkennen. Sie hatten die gleiche braune Farbe wie die teigige Masse, sie bewegten sich nicht.

Im Schulhaus sagten sie Gaston, nun sei es vorläufig genug, sie hätten mit den Vögeln, die noch auf Säuberung warteten, Arbeit für die halbe Nacht.

»Soll ich dich heimfahren?« fragte Gaston. Sie wollte nicht, sie wartete auf ihren Vater.

»Gut«, sagte Gaston, »dann gehe ich nach Hause und dusche und ziehe mich um. Und dann komme ich etwa in einer Stunde. Wenn es euch recht ist.«

»Uns ist es schon recht«, sagte Marie-Louise.

14

Am Abend war die Bar wieder leer. Daran hatten sie sich gewöhnt. Tagsüber waren sie alle am Meer unten gewesen und hatten mitgeholfen, diese lächerliche Arbeit zu verrichten, von der sich jedermann sagte, sie sei sinnlos: sie trugen in Eimern und Kübeln den mit Öl getränkten Sand hundert und mehr Meter landeinwärts zu den mit Kunststoff-Folie ausgelegten Gruben.

Im Laufe des Tages waren auch die ersten Fahrzeuge mit den Absaugvorrichtungen eingetroffen. Der unermüdliche Fleiß, mit dem die Einwohner von Lornac in diesen Tagen immer wieder versuchten, ihre Küste zu säubern, hatte etwas rührend Hilfloses. Denn die sechs oder sieben Tonnen, die sie im Laufe des Tages vom Strand wegtrugen, waren nichts im Vergleich zu den 200000 Tonnen Öl, die aus der »Amoco Cadiz« flossen, unaufhaltsam ausflossen und auf ihre Küste zutrieben.

Am Abend wußte man, daß es keine Rettung für den Tanker gab, keine Möglichkeit, ihn abzuschleppen, und schon gar nicht, das Öl auszupumpen. Die See ging zu hoch, und als die Menschen an der Nordküste der Bretagne an jenem Abend todmüde zu Hause saßen, die Füße massierten, die verätzten Hände verbanden, hörten sie im Radio zum ersten Mal die Ansicht von Fachleuten, es bleibe wohl nichts anderes übrig, als den Tanker zu sprengen, wenn der Sturm sich nicht bald lege.

Im Haus von Jules Kerjean war die Fensterscheibe ersetzt worden. Man konnte wieder heizen und so tun, als stünde die Bar den Gästen offen. Jules hatte angeordnet, daß das Licht bis acht Uhr brennen mußte. Odette stand hinter der Theke, und alles schien so wie immer. Nur die Gäste fehlten.

Yves hatte das Abendessen zubereitet, sie saßen hinten in der Küche am Tisch: Jules, Yves und Armand.

»Wo ist Gaston?« fragte Jules.

Odette hatte die Frage vorn in der Bar gehört. Sie rief: »Er ist zu Marie-Louise gegangen.«

»Jetzt auf einmal wieder? Er hat doch gesagt, die will nichts mehr von ihm wissen.«

»Ist das die Tochter von Hubert?« fragte Yves.

»Ja.«

»Wieso will die nichts mehr von ihm wissen? Haben sie Streit gehabt?«

»Das kannst du dir ja vorstellen. Weil er mein Sohn ist. Und weil im Dorf niemand mehr etwas mit mir zu tun haben will.«

»Den Eindruck habe ich nicht gehabt. Schon gestern nicht am Hafen unten. Und heute am Strand noch weniger. Mich haben jedenfalls ein paar gefragt, wie es dir geht.«

Eine Weile saßen sie wieder stumm über ihre Teller gebeugt, dann sagte Jules mit einer Stimme, die vor Müdigkeit und Überdruß fast heiser klang: »Der macht mir Sorgen, der Junge. Mehr, als ich sagen kann. Wenn die ihn ins Gefängnis stecken!«

Es war das Stichwort für Armand: »Ich sage es dir ja immer, Papa: Du mußt auch einmal an die andern denken. Du hast es in der Hand. Von dir hängt es ab, ob Gaston ins Gefängnis wandert oder nicht. Wie du da überhaupt noch zögern kannst, verstehe ich nicht.«

»Schweig!« sagte Yves. »Red nicht davon! Nicht jetzt!«

»Und warum nicht, wenn ich fragen darf?«

»Weil jetzt nicht der Augenblick ist, davon zu reden.«

»Ich möchte wissen, wann dann der Augenblick kommt, darüber zu reden«, fragte Armand. »Wir sind schon zwei Tage hier, und wir haben über diese immerhin auch für deine Zukunft äußerst wichtige Sache knapp eine Stunde gesprochen, nicht länger.«

»Doch nur, weil diese Katastrophe dazwischengekommen ist.«

»Meinetwegen«, sagte Armand, »es ist eine Katastrophe, und ich bin der erste, der sie bedauert. Wirklich!

– Aber deswegen können wir vor unsern Problemen doch nicht die Augen verschließen. Wir können nicht mehr länger hier bleiben. Das weißt du genau, Yves. Ich darf meinen Betrieb nicht länger nur Anne überlassen. Ich wollte mit euch sowieso schon darüber reden. Morgen muß ich heimfahren. Spätestens morgen mittag.«

»Dann fahr«, sagte Jules. »Meinen Segen hast du.«

»Ich weiß, daß du froh bist, wenn du mich los bist. Aber Yves wird mit mir fahren, das ist klar.«

»Das ist nicht klar«, sagte Yves langsam.

»Weshalb nicht? Du kannst doch nicht hier bleiben. Wir brauchen dich.«

»Ich weiß, Armand«, sagte Yves. »Das weiß ich sehr gut. Aber im Augenblick braucht man mich hier noch dringender. Ich kann jetzt unmöglich nach Paris fahren, wo hier die Hölle los ist. Das mußt du verstehen.«

»Nein«, sagte Armand, »das verstehe ich nicht. Du mußt wissen, wohin du gehörst. Wo deine Zukunft liegt. Das ist reine Sentimentalität, die dich hier zurückhält. Du kannst hier gar nichts tun. Rein gar nichts. Aber in Paris wirst du wirklich gebraucht.«

Yves schwieg. Daß Armand ihn in Gegenwart seines Vaters und Odettes, die – auch wenn sie in der Bar stand – alles hatte hören können, wie einen Schuljungen zurechtwies, gefiel ihm nicht. Aber er wollte keinen Streit. Er wollte sich gelegentlich am Geschäft seines Schwagers beteiligen, und da mußte man eben hin und wieder etwas schlucken. Er stand rasch auf, ergriff die leere Karaffe, fragte: »Wer will noch Wein? Nimmst du noch einen Schluck, Papa?«

»Nein«, sagte Jules. »Ich mag nicht essen, ich mag auch nicht trinken.«

»Ich mag trinken«, sagte Yves trotzig, ging in die Bar, sagte zu Odette: »Bitte füllen!«

Sie blickte ihn nicht an, er dachte, als sie ihm mit abgewandtem Gesicht die volle Karaffe reichte: sie hat mich noch nie angesehen, seit ich hier bin. Er wollte etwas sagen, aber er war verlegen und ging schweigend in die Küche zurück, setzte sich wieder an den Tisch, schenkte sich ein, fragte Armand: »Willst du auch?«

»Nein – ich habe genug getrunken.«

Auch das gefiel ihm nicht. Wie Armand das sagte: mit der Betonung auf »ich«. Dieser leise Vorwurf: Ich habe genug, aber offenbar hast du noch nicht genug! Er leerte sein Glas in einem Zug, füllte es wieder, sagte dann: »Ich habe nicht genug. Wenn mir niemand hilft, trinke ich den halben Liter eben allein. Und noch etwas, Armand: Ich weiß, daß ich in Paris gebraucht werde. Und ich habe auch nicht vergessen, daß ich bei dir angestellt bin, daß du mich bezahlst. Aber trotzdem kann ich jetzt nicht weg. Und es ist mir gleichgültig, ob du es verstehst oder nicht.«

»Das versteht er nicht«, sagte Jules mit leiser Stimme. Er hob die Hand, wandte sich zu Armand, als wollte er etwas erklären, dann zögerte er, ließ die Hand wieder sinken und sagte nur: »Das hat doch keinen Sinn. Das versteht er einfach nicht.«

»Wann willst du denn kommen?« fragte Armand. »Ich meine nur, damit ich weiß, ob ich einen Ersatz suchen soll.«

Auch jetzt antwortete Yves nicht sofort, auch jetzt mußte er an sich halten, um nicht das zu tun, was er am liebsten getan hätte: seinem Schwager das volle Glas an den Kopf werfen. Daß der es wagte, davon zu reden, er müsse einen Ersatz für Yves suchen, weil dieser ein paar Tage länger in Lornac blieb! Yves trank sein Glas aus, er spürte jetzt den Wein; er zündete erst noch in Ruhe eine Zigarette an, dann sagte er: »Ich komme bestimmt in zwei, spätestens in drei Tagen. So lange werdet ihr es ohne mich machen können.«

»Gut«, sagte Armand beschwichtigend, vielleicht weil er gemerkt hatte, daß Yves' Nerven gespannt waren, daß er nicht mehr viel sagen durfte, wenn er nicht einen Streit riskieren wollte. »Gut, dann kommst du eben in zwei

Tagen. Wir können ja das Radio einschalten, dann hören wir vielleicht etwas Neues über die Katastrophe.«

Sie hatten ihre Mahlzeit beendet, Yves stellte die Teller in den Spülstein, Armand stand auf, um das Radio einzuschalten.

»Kein Radio«, sagte Jules.

»Warum nicht?«

»Weil ich nichts mehr davon hören will. Weil ich genug habe. Darum. Ich habe die Nase voll von diesen Nachrichten über die Ölpest und die sogenannten dringenden Maßnahmen, die unsere Regierung zu ergreifen gedenkt. – Gedenkt! Die ›gedenken‹ immer in Paris. Aber geschehen ist bis jetzt noch nichts. Es ist mir nämlich scheißegal, ob der Ölteppich jetzt hundert oder hundertfünfzig Kilometer lang und zehn oder zwanzig Kilometer breit ist. Alles, was ich wissen muß, weiß ich jetzt schon: daß die Küste wahrscheinlich für immer versaut ist. Mit der Fischerei ist es aus. Die Hotelgäste bestellen ab. Ich bin sicher, morgen kommen wieder ein paar Absagen. Mehr brauche ich nicht zu wissen: es ist alles zum Teufel. Alles!«

Sie schwiegen. Yves sah seinen Vater an. »Das hat dich ganz schön mitgenommen, Papa«, sagte er schließlich.

»Ja«, erwiderte Jules. »Hat es. Und ich bin müde. Ich geh' jetzt schlafen.«

Er erhob sich mühsam, sagte gute Nacht, ohne jemanden anzusehen, und stieg langsam mit seinem schmerzenden Knie die Treppe hinauf.

Armand hatte sich wieder gesetzt. Er sagte: »Im Grunde hat Papa recht. Wozu Nachrichten. Wir wissen ja, wie es aussieht. Ich glaube, Papa ist jetzt bald reif für den Verkauf. Das setzt ihm ganz schön zu. Sehr heilsam für ihn. So hat eben alles seine zwei Seiten – eine gute und eine schlechte. Sogar diese Ölkatastrophe.«

Yves und Armand saßen sich am Tisch gegenüber wie zwei Fremde und wußten nicht, worüber sie miteinander reden sollten.

Yves hatte die Karaffe geleert. Er stand auf, er war nicht

betrunken, aber er spürte den Alkohol deutlich, er hielt sich sehr gerade, sagte: »Ich muß noch ein bißchen Wein haben« und ging hinüber in die Bar, die jetzt dunkel war. Nur hinter der Theke brannte eine kleine Lampe, und Odette, an die er nicht mehr gedacht hatte, saß da und stickte oder nähte irgend etwas.

»Odette«, sagte Yves. »Gibst du mir noch ein bißchen Wein?«

Sie stand rasch auf, sie sah ihn auch jetzt nicht an, sie füllte die Karaffe nur halb, reichte sie ihm.

»Was tust du eigentlich hier?« fragte er. Es hatte ihn einige Überwindung gekostet, das Wort an sie zu richten.

»Ich mach' da noch etwas«, sagte sie rasch und setzte sich wieder. »Ich geh' gleich nach Hause.«

»Setz dich zu uns, komm in die Küche!«

»Nein«, erwiderte sie, tief über ihre Arbeit gebeugt. »Ich bleib' nicht mehr lange.«

»Bitte komm zu uns herüber. Nur noch eine halbe Stunde. Odette! Schau mich an!«

Sie hob den Kopf, blickte ihn ernst an.

»Siehst du, daß ich zuviel getrunken habe?« fragte er.

»Ja.«

Nur »ja«, sonst nichts. »Fein«, sagte Yves. »Dann siehst du doch etwas. Bis jetzt habe ich nämlich den Eindruck gehabt, du siehst mich überhaupt nicht.«

Sie lächelte nun doch ein bißchen, sie erwiderte: »Dich kann man nicht leicht übersehen. Auch wenn man möchte.«

»Komm doch zu uns herüber, Odette«, bat er. »Ich sitze drüben allein mit Armand. Und wir wissen beide, daß wir miteinander nur über das Geschäft reden können. Sonst haben wir uns nichts zu sagen. Und ich mag jetzt um alles in der Welt nicht übers Geschäft reden. Nicht nach dem, was ich heute gesehen und erlebt habe. Ich bin eben doch viel mehr Bretone, als ich es wahrhaben wollte.«

Sie stand auf, strich die Haare über die Schultern

zurück, sagte: »Gut. Aber nicht mehr lange. Ich muß dann heimgehen.«

Sie setzten sich zu Armand an den Tisch, aber wenn Yves gedacht hatte, nun würde sich ein Gespräch wie von selbst ergeben, hatte er sich geirrt. Sie schwiegen alle drei. Armand, gewandter als Yves, fand seine Sprache zuerst wieder. Er sagte zu Odette: »Das steht Ihnen sehr gut, wie Sie das Haar tragen. Offen über die Schultern. Wirklich.«

Sie wurde rot.

»Sie ist hübsch«, sagte Yves. Sein Glas war schon wieder leer. »So allmählich werde ich besoffen, Odette. Du kennst das Sprichwort ›in vino veritas‹ – im Wein ist Wahrheit. Wenn einer betrunken ist, sagt er die Wahrheit. Ich sag' dir die Wahrheit: du bist hübsch. Hat dir das noch keiner gesagt?«

»Du wenigstens nicht«, erwiderte sie.

Sie lachte. Aber sie hielt den Kopf gesenkt und sah ihn immer noch nicht an.

»Sie könnten doch auch nach Paris kommen«, sagte Armand. »Sie könnten – wenn es Sie interessiert – auch bei mir – bei uns – arbeiten.«

»Nein«, erwiderte sie rasch, »nein, das interessiert mich nicht.«

Und weil ihre Antwort so unbeteiligt geklungen hatte, sagte Yves: »Es ist schwer, aus dir klug zu werden, Odette. Man weiß eigentlich überhaupt nichts über dich. Ich weiß, wie du heißt, wie alt du bist. Aber das ist auch alles.«

»Ich verstehe nicht, was du meinst«, sagte sie leise.

»Das glaube ich dir nicht. Du weißt genau, was ich meine. Warum sagst du: das interessiert mich nicht? Warum willst du nicht in Paris arbeiten? Und schon gar nicht bei Armand? Meinetwegen? Weil ich dort bin? Oder ist es wegen Papa? Denkst du, er kann es ohne dich nicht machen?«

Sie saß still, mit gesenktem Kopf da, hinter dem Vorhang ihrer blonden Haare, und erst, als die beiden es schon nicht mehr erwarteten, daß sie antworten würde, sagte sie: »Ich habe eine Stelle. Heute habe ich zugesagt.«

»Was heißt das, eine Stelle? Gehst du weg?«

»Ich fange am ersten April in Montreux an. In der Schweiz. In einem Hotel.«

»Und Papa?«

»Der braucht mich nicht mehr. Er wird verkaufen. Jetzt, nachdem das geschehen ist, wird er verkaufen.«

»Sind Sie sicher?« fragte Armand rasch. »Hat er denn was gesagt?«

»Er braucht nichts zu sagen, ich kenne ihn gut genug. Ich hab' es ihm angesehen. Gestern schon. Aber heute war ich ganz sicher. Darum habe ich heute in Montreux zugesagt.«

Zum ersten Mal fühlte Yves sich unsicher. Bisher hatte er immer geglaubt – nein, mit Bestimmtheit gewußt –, daß Odette ihn liebte; daß sie darauf wartete, daß er sie bat, seine Frau zu werden. Und bisher hatte er gerade das nicht tun wollen. Diese Frage und Odettes Zusage würden ihn für den Rest seines Lebens an Lornac binden. Man würde sich brav einrichten und Kinder kriegen und alt werden. An ein Fortkommen, an einen Aufstieg in der großen Welt wäre nicht mehr zu denken. Und jetzt saß sie da neben ihm, schmal und zart, und sagte mit ihrer leisen, selbstverständlichen Stimme: »Ich gehe nach Montreux.«

Er hätte sie küssen mögen. Eigentlich hätte er jetzt nichts lieber getan. Ihr Haar zurückstreichen, sie in die Arme nehmen und küssen. Aber er tat es nicht. Nicht wegen Armand. Armand störte ihn nicht. Der zählte gar nicht. Aber selbst wenn Odette sich nicht sträubte, selbst wenn sie sich in die Arme nehmen und küssen ließe, würde sie nachher ohne ein Wort weggehen und nicht mehr wiederkommen, und er würde sie bestimmt nicht mehr sehen, bis er abreiste.

Nicht küssen also. Aber doch den spöttischen Ton ablegen, den er sich ihr gegenüber angewöhnt hatte. Vielleicht, dachte er, sollte ich einmal – ein einziges Mal, ehrlich zu ihr sein. Er sagte: »Ich glaube, ich liebe dich, Odette.«

Sie erwiderte nichts. Er sagte noch einmal: »Ich glaube, ich liebe dich.«

Wieder nichts. Sie bewegte sich nicht einmal. Er hätte es ebensogut zu einer Statue sagen können. Und dabei war er auch jetzt noch überzeugt, daß sie ihn auch liebte.

»Du denkst, ich sag' dir das, weil ich besoffen bin. Das stimmt sogar. Ich hätte es dir vielleicht nie gesagt. Aber es ist wahr. Glaubst du mir nicht?«

»Ich glaub' dir«, sagte sie leise. »Du liebst mich auf deine Weise.«

»Ich habe nur meine Weise. Wie soll ich wissen, ob es die richtige Weise ist?«

Es war gut, mit ihr zu reden. Es war gut, überhaupt zu reden. Der Alkohol hatte ihm die Zunge gelöst.

Aber da kam plötzlich Gaston heim, und der machte allem, was Yves noch hätte sagen wollen, ein jähes Ende. So ungestüm brach er in die Küche ein und nahm alle Aufmerksamkeit für sich in Anspruch. Als hätten die drei nur darauf gewartet, daß er heimkomme und unaufgefordert von seinem Tag und vor allem von seinem Abend mit Marie-Louise zu erzählen beginne. Noch bevor er sich setzte, berichtete er, wie Marie-Louise und er die Vögel gerettet hatten. Dazwischen rief er rasch und kurz und ungehalten: »Nein, Odette, ich mag nichts essen. Ich habe bei Marie-Louise gegessen.«

»Du stinkst ganz schön nach Öl«, sagte Yves.

»Alles stinkt nach Öl«, erwiderte Gaston. »Draußen stinkt es, man möchte sich am liebsten dauernd die Nase zuhalten. Ihr riecht es hier bloß nicht, weil der Zigarettenrauch so dicht ist.«

»Ich habe gemeint, Marie-Louise und ihre Eltern wollen nichts mehr von dir wissen«, sagte Odette.

»Das hat sich eben geändert. Wir waren den ganzen Tag zusammen, 62 Vögel haben wir heute gerettet. Ins Schulhaus gebracht. Zu Dr. Cohn. Aber viele sind vor unsern Augen ertrunken. Oder ich weiß nicht, wie man dazu sagen soll: sind einfach untergetaucht, kurz bevor wir sie packen konnten. Das ist gar nicht zu fassen, wenn man es nicht selber gesehen hat: wie ruhig die untergegangen sind, ohne einen Flügelschlag. Und nichts in ihren Augen, was wie Schreck oder Todesangst aussieht.«

»Und jetzt ist dir Marie-Louise nicht mehr böse?« fragte Odette.

»Marie-Louise war mir nie böse. Sie durfte nur nicht wegen ihrer Eltern. Ihr Vater war eine Weile gegen Papa. Weil der nicht verkaufen wollte. Aber jetzt hat er selber gesagt: vielleicht hat dein Vater recht. Der war gescheiter als wir alle. Wenn wir dieses Öl auf dem Meer je loswerden, dann wollen wir keine Tanks hier.«

»Die meisten denken nicht so«, sagte Armand. »Natürlich ist das schrecklich, so eine Ölkatastrophe. Aber deswegen darf man doch den klaren Blick nicht verlieren. Auf jeden Fall solltest du Papa nichts davon erzählen.«

»Wovon?«

»Nun eben, daß du meinst, der Vater deiner Freundin sei nicht mehr gegen ihn. Er könnte einen falschen Eindruck bekommen. Gerade jetzt wäre das fatal, wo er doch wahrscheinlich bereit ist, nachzugeben. Wenn morgen weitere Gäste abbestellen – und davon bin ich überzeugt –, dann wird er vielleicht vernünftig. Odette glaubt das auch. Nicht wahr, Odette, Sie sind der Meinung, daß er jetzt zur Einsicht gekommen ist.«

»Gesagt hat er nichts«, erwiderte Odette. »Aber ich bin überzeugt, daß er diesen Schlag nicht überwindet. Darum geh' ich weg. Ich will das nicht mitansehen.«

»Sicher«, sagte Gaston, »dann verkauft er. Er hat immer gesagt: wenn wir im Sommer das Haus voll Gäste haben, können wir überleben. Aber wenn nun keine Gäste da sind, dann wird er eben verkaufen müssen.«

»Hoffentlich«, sagte Armand. »Man darf in solchen Dingen nicht sentimental sein. Man muß die Sachen so sehen, wie sie sind. Gut, einverstanden, Papa wird eine

Weile traurig sein, weil er sein Haus aufgeben muß. Er kann aber, wenn er will, bei uns wohnen. Dann hat er Yves und Anne stets um sich. Das wäre das beste, nicht wahr, Yves?«

Yves hatte kaum zugehört, er hatte Odette betrachtet. Merkwürdig, dachte er, sie gehört nicht zur Familie und ist doch die einzige, die Mitleid mit ihm hat. Uns tut er auch leid, Gaston und mir. Aber wir denken vor allem an das Geld. Mich hat es jedenfalls ganz schön erwischt. Ich bin geldsüchtig, so, wie andere heroinsüchtig sind. Ich verdiene so eine Frau gar nicht. Aber sie will mich ja auch nicht. Sie kennt mich, sie weiß, daß ich verdorben bin. Am besten würde ich morgen mit Armand zurückfahren in diese lausige Pariser Atmosphäre, wo man nur vom Geld redet, als gäbe es sonst nichts auf der Welt. Und wenn Anne einmal schüchtern den Versuch macht und von etwas anderem reden will, schneiden wir beide ihr sofort das Wort ab. Wir sagen: sie versteht nichts vom Leben. Ich müßte, wenn ich nüchtern bin, einmal in Ruhe darüber nachdenken, ob das wirklich das Leben ist: Geld zusammenraffen. Ob es nicht etwas anderes gibt.

Er antwortete nicht auf Armands Frage. Dieser, ein wenig beleidigt, sagte nun in gemessenem Ton: »Naja, jedenfalls fahre ich morgen mittag zurück. Und Yves wird auch bald kommen. Und jetzt bin ich müde. Ich gehe schlafen.«

Er stand auf, gab Odette die Hand und wußte, es war eine Ehre für Odette, daß er ihr die Hand gab. »Was werden Sie in Montreux arbeiten?« fragte er, obgleich ihn das nicht interessierte.

»Zimmermädchen«, erwiderte sie.

»Du solltest nicht als Zimmermädchen arbeiten«, sagte Yves, und er spürte, daß seine Zunge schwer geworden war. »Du bist zu schade dafür.«

Sie lächelte. »Kommt es denn darauf an, was man tut?« fragte sie. »Und wenn ich zu schade bin dazu, wer ist dann nicht zu schade?«

»Gute Nacht, Odette«, sagte Armand und ging hinauf.

Sie blickten ihm nach, und als er verschwunden war und sie hörten, wie er seine Zimmertür schloß, sagte Yves: »Der hat es ganz schön eilig mit dem Geldkassieren.«

Odette warf ihm einen kurzen Blick zu. Einen kurzen, mißtrauischen Blick, von dem sie annahm, er habe ihn nicht bemerkt. Aber er hatte ihn bemerkt und wußte auch, was sie dachte: Du hast es selber auch sehr eilig. Er hätte gerne gesagt: Ich bin gar nicht so aufs Geld versessen, aber er war jetzt zu betrunken, er konnte sich auf so ein Gespräch nicht einlassen. Nicht, wenn es darauf ankam, daß man das Richtige sagte, und bei Odette kam es darauf an, das Richtige zu sagen. Oft genug war bei ihr sogar das Richtige das Falsche. Verdammt empfindlich konnte die sein!

»Erzähl von Marie-Louise«, sagte Odette zu Gaston.

»Was gibt es da zu erzählen?« fragte er. »Marie-Louise ist in Ordnung. Die Kühe sind übrigens krank geworden. Sie hatten ihre Kühe heute draußen. Der Wind hat das Öl in feinen Tropfen bis zum Hof von Hubert getragen. Die Kühe haben Gras gefressen mit diesem Öl. Jetzt haben sie alle Durchfall. Hubert hat gesagt, wenn es morgen nicht besser ist, muß der Tierarzt kommen. Aber Dr. Cohn hat keine Zeit. Der ist morgen den ganzen Tag wieder im Schulhaus. Wir bringen ihm Vögel. Marie-Louise und ich. So, ich geh' jetzt auch schlafen.«

»Warte noch einen Augenblick«, sagte Yves. »Wenn du gehst, geht nämlich Odette auch. Sie will auf keinen Fall mit mir allein hier sitzen. Und ich hätte gern noch ein Glas Wein getrunken, ehe ich mich zu Bett lege. Odette, bringst du mir noch ein Glas Wein? Oder habe ich schon zuviel getrunken?«

»Mich geht das nichts an, wieviel du trinkst«, erwiderte sie.

»Da siehst du es«, sagte Yves zu Gaston. »Das ist Odettes Art, mir begreiflich zu machen, daß ich betrunken bin. Immer korrekt. Immer auf Distanz. Also, dann gehen wir schlafen.«

15

Armand kam am nächsten Morgen schon früh herunter. Er war der erste, sonst war noch niemand auf den Beinen. Odettes Worte: Jules würde bestimmt verkaufen, hatten ihn die halbe Nacht wach gehalten. Er hatte sich in Einzelheiten überlegt, wie er den ersten Stock einrichten wollte: modern, aber nicht zu modern. Auf den Spiegel an der Rückwand wollte er nicht verzichten. So ein Spiegel über die ganze Länge des Saales verlieh dem Lokal eine Vornehmheit aus dem letzten Jahrhundert. Armand wollte ein gediegenes Restaurant leiten, wo man gerne hinkam, um gut zu essen, und wo die Gäste nicht darauf achteten, ob der Wein einen Franc teurer war als anderswo. Vielleicht, wenn der Platz reichte, in einer Ecke eine kleine Bar, wo Geschäftsleute rasch stehend einen Aperitif trinken konnten, ehe sie sich zu Tisch setzten.

Auf keinen Fall sollte der erste Stock, noch weniger als das Erdgeschoß, in diesem Snack-Stil ausgestattet werden, der leider auch in Paris allmählich Schule machte. Er wollte kein Restaurant für Vertreter, die zwischen zwei Kundenbesuchen auf amerikanische Art rasch einen Hamburger mit Pommes frites und viel Ketchup herunterwürgten und kaum Zeit fanden, ein Bier dazu zu trinken.

Auch an die Modernisierung der Küche hatte er in der vergangenen Nacht gedacht. All das kostete eine schöne Stange Geld. Aber dieses Geld war jetzt in Reichweite und eigentlich schon in seiner Tasche.

Daher stand Armand am Morgen früh auf, setzte sich in die Bar und fing an zu rechnen. Er rechnete gern. Solche Dinge machten ihm Spaß. Wenn man mit zusätzlichen Essen zu einem Durchschnittspreis von y rechnen konnte, dann machte das einen Gewinn von z aus.

Später kam Yves herunter. Verschlafen, den Kater der vergangenen Nacht ins Gesicht gezeichnet. Er sagte: »Ich habe Kopfschmerzen. Von diesem verfluchten Ölgestank. Den hatte ich die ganze Nacht in der Nase.«

Armand lächelte. »Das Öl allein ist es nicht, was die Kopfschmerzen macht«, sagte er.

»Nein, auch der Alkohol. Hast du schon gefrühstückt?«

»Nein, ich wage mich nicht an eure Kaffeemaschine. Ich habe gerechnet und Pläne gemacht. Dabei habe ich das Frühstück ganz vergessen.«

»Wo ist Papa?« fragte Yves. »Noch nicht heruntergekommen?«

»Nein.«

»Merkwürdig. Sonst ist er doch immer der erste am Morgen.«

Yves stellte die Kaffeemaschine an, ging ins Badezimmer, um sich zu waschen, und als er zurückkam, war der Kaffee fertig. Er stellte zwei Tassen hin, schenkte ein, setzte sich zu Armand, blickte, ohne etwas zu sagen, kurz auf dessen Notizblock mit den vielen Zahlen und schlürfte dann seinen Kaffee.

»Ich habe überlegt, wie wir den ersten Stock am besten einrichten«, sagte Armand. Er erwartete Interesse und war ein bißchen enttäuscht, weil Yves ruhig blieb, in kleinen Schlucken den heißen Kaffee trank, als ginge ihn das nichts an.

Armand begann zu erklären, wie er die Tische stellen wollte, hinten ein breiter Spiegel und vielleicht – das müßte man erst gründlich überlegen und ausmessen – links eine kleine Bar.

Yves nickte ab und zu, entgegnete auch etwas Belangloses. Armand dachte, es hat keinen Sinn, mit dem heute vormittag zu reden. Der muß erst seinen Kater auskurieren.

»Eigentlich habe ich heute früh heimfahren wollen«, sagte er. »Weil ich nicht länger bleiben will als unbedingt nötig. Dieser Geruch setzt mir nämlich auch zu. Ich habe keinen Appetit. Aber jetzt, nachdem Odette gesagt hat, daß Papa sehr wahrscheinlich verkauft, werde ich doch noch bleiben, bis er herunterkommt. Vielleicht kann ich von ihm etwas Endgültiges erfahren. Es wäre gut, wenn ich endlich Bescheid wüßte.«

»Klar«, erwiderte Yves. Sonst nichts.

Gaston tauchte auf. »Ich habe mich verspätet«, sagte er. »Ich trinke nur rasch eine Tasse Kaffee, dann muß ich gehen.«

»Wohin?« fragte Yves.

»Hinunter an den Strand. Ich bin mit Marie-Louise verabredet. Wir fahren heute wieder zu den Felsen hinüber und versuchen, Vögel zu retten. Marie-Louise ist sicher schon unten und wartet auf mich.«

»Ich komme auch«, sagte Yves. »Man braucht jeden da unten.«

»Gut«, sagte Armand. »Und ich fahre, sobald ich mit Papa gesprochen habe. Wann kommst du nun zurück?«

»Sobald ich kann.«

»In zwei Tagen. Auf jeden Fall nicht später! Du weißt, wir brauchen dich.«

»Ja, klar. In zwei Tagen.«

Yves und Gaston gingen, Armand blieb allein zurück. Bald darauf kam Odette. Auch sie war erstaunt, daß Jules noch nicht aufgetaucht war.

»Ob er wohl krank ist?« fragte Armand.

»Es kommt darauf an, was man unter ›krank‹ versteht«, antwortete sie. »Gesund ist er sicher nicht.«

Sie dachte: Kann einer gesund sein, wenn ihm alles weggenommen wird, was er zum Leben braucht, was sein Leben ausmacht?

»Vielleicht sollte man nachsehen«, sagte Armand.

Sie schüttelte den Kopf. Das sei bestimmt nicht nötig. Monsieur Kerjean habe nur ausschlafen wollen, und bald werde er herunterkommen.

Damit hatte sie recht. Jules kam gegen zehn Uhr herunter. Er sah alt aus, er schleppte sein linkes Bein mühsamer als sonst nach. »Wie geht es, Papa?« fragte Armand.

Jules antwortete nicht. Vielleicht hatte er die Frage

nicht gehört. Er hielt die Tasse unter den Hahn der Kaffeemaschine, trank im Stehen drei Tassen, ohne die linke Hand vom Hahn der Maschine zu nehmen und ohne jemanden anzusehen.

»Ist Post da?« fragte er, den Blick immer noch nirgendwohin gerichtet. Er hätte nicht zu fragen brauchen. Wenn er die Post nicht selber in Empfang nahm, lag sie stets auf der Bar. Er mußte gesehen haben, daß ein paar Briefe und Drucksachen auf dem blanken Metall lagen. Odette brachte ihm die Briefe, er nahm sie, setzte sich an ein Tischchen – nicht an das Tischchen, an dem Armand immer noch saß –, öffnete sie und las. Er brauchte einige Zeit, stand dann auf und schien Armand erst jetzt zu bemerken. Er sagte: »Ich denke, jetzt reicht es. Wieder fünf Abmeldungen. Wann fährst du zurück?«

»Eigentlich wollte ich schon am Morgen fahren«, erwiderte Armand. »Aber ich wollte mich noch von dir verabschieden.«

»Nett von dir. Wo sind die beiden?«

Er meinte Yves und Gaston. Odette sagte, die seien am Strand unten und sie hätten erklärt, am Mittag kämen sie nicht heim zum Essen.

»Ich geh' ins Dorf«, sagte Jules. »Odette, hol mir bitte die Jacke.«

Sie ging hinauf, Jules stand am Fenster, blickte auf das Meer hinaus, auf den in zwei Teile geborstenen Tanker, der jetzt wie ein zusammengedrücktes V im Wasser lag, auf die zwar hochgehenden, aber durch das Öl träge schwappenden Wellen.

Dann sagte er: »Das Meer ist alt geworden. Ohne Schwung, ohne Kraft. Wie ich.«

Sie brachte ihm die Jacke, half ihm, sie anzuziehen, er fragte im Hinausgehen: »Seh ich dich noch, Armand?«

»Ich warte, bis du zurückkommst.«

»Gut«, sagte Jules. »Ich bin vor dem Mittagessen zurück.«

Und dann, schon an der Tür, wandte er sich um, hatte

ein kleines müdes Lächeln im Gesicht und sagte: »Jetzt hast du gewonnen.«

Armand hätte gerne gefragt, was er meinte. Für ihn stand so viel auf dem Spiel. Aber Jules war schon draußen auf der Straße.

Er fragte Odette: »Was hat er wohl gemeint?«

Sie zuckte mit den Achseln, antwortete nicht.

Jules hatte nicht gesagt, wohin er gehen wollte. Nur »ins Dorf«. Er ging ins Gemeindeamt. Es fiel ihm nicht einmal schwer, im ersten Stock anzuklopfen und zu sagen: »Ich möchte mit dem Bürgermeister reden.«

Die junge Frau kannte ihn nicht. Oder vielleicht kannte sie ihn und tat nur so, als kenne sie ihn nicht. »Haben Sie eine Verabredung?« fragte sie.

»Nein.«

»Dann geht es leider nicht. Der Herr Bürgermeister ist sehr beschäftigt.«

»Sagen Sie ihm bloß, ich möchte mit ihm reden. Mein Name ist Kerjean.«

Sie wollte es sich nicht anmerken lassen, daß sie seinen Namen schon gehört hatte, sie versuchte, ihre Geschäftsmiene zu wahren, aber sie stand doch auf und machte die Tür auf, ohne anzuklopfen, und schloß sie hinter sich.

»Was ist?« fragte Madec. Sie spitzte die Lippen, trat dicht an sein Pult und sagte leise, als verrate sie ein Geheimnis: »Kerjean ist draußen.«

»Wo draußen?«

»In meinem Büro. Er möchte mit Ihnen reden.«

Madec lehnte sich zurück, er blickte in ihr Gesicht, und ihr Lächeln bestätigte ihm, was er hoffte. Er sagte: »Das kann doch nur eines heißen: er will verkaufen.«

Sie nickte: »Er sieht niedergeschlagen aus.«

»Soso, dann ist er also endlich reif«, meinte Madec. »Wenigstens ein Lichtblick in dieser verdammten Schweinerei mit der ›Amoco Cadiz‹. Der kommt mir gerade recht. Wenn der glaubt, er kann einfach jetzt einsteigen, dann hat er sich verrechnet. Wir lassen ihn erst mal eine

Viertelstunde warten. Er muß merken, daß das Blatt sich gewendet hat.«

Sie ging hinaus, sagte zu Kerjean: »Der Herr Bürgermeister ist im Augenblick nicht frei. Wenn Sie ein wenig warten wollen.«

Jules wartete. Madec ließ ihn erst nach einer halben Stunde vor. Er gab sich betont zurückhaltend. »Du hast mich sprechen wollen? – Setz dich bitte ... und? Worum geht es? Du verstehst, ich habe gegenwärtig alle Hände voll zu tun.«

»Ich bin jetzt bereit«, sagte Kerjean.

Der Bürgermeister gab sich begriffsstutzig. »Bereit?« fragte er. »Wozu?«

»Zu verkaufen. Du weißt, wovon ich rede. Weshalb also das Theater?«

»Ach so, du willst verkaufen? – Ja, mein Lieber! – Schön! Sehr schön! Nur ein wenig spät, fürchte ich.«

»Wieso spät? Wollen die nicht mehr?«

Madec hatte sich vorher überlegt, wie er Kerjean begegnen wollte. Auf jeden Fall, hatte er gedacht, gebe ich dem keine 2,2 Millionen mehr. Der muß jetzt mit zwei zufrieden sein. Geschäft ist Geschäft.

Aber als er Kerjean vor sich sah, gebeugt, mit verhärmtem Gesicht, begriff er, der war mit allem einverstanden. Er sagte: die wollen schon noch. Aber der Preis, den ich dir seinerzeit genannt habe, liegt einfach nicht mehr drin. Es haben sich eben andere Gemeinden auch beworben.«

»Wieviel?« fragte Kerjean.

Eigentlich hatte Madec 2 Millionen sagen wollen, aber dann dachte er, es wäre zum Fenster hinausgeworfenes Geld, der ist mit weniger zufrieden, und er erwiderte: »Höchstens 1,8. Das kann ich gerade noch durchboxen. Mehr auf keinen Fall.«

»Gut«, sagte Kerjean. »1,8 Millionen.«

Madec lächelte. Er hatte in einer Minute 400000 Francs verdient. Ganz nett, dachte er, hat sich also gelohnt zu warten. Der ist ja vollkommen fertig. Der wäre auch mit

1,7 einverstanden gewesen. Er sagte: »Gut, daß du im letzten Augenblick noch zur Vernunft gekommen bist. Nächste Woche wäre es zu spät gewesen. Ich werde jetzt mit der Gesellschaft in Verbindung treten. Wenn alles klappt, können wir den Vertrag in drei oder vier Tagen unterschreiben und den Verkauf im Grundbuch eintragen.«

Während der Bürgermeister lächelnd und wohlwollend auf ihn einredete, sah Jules auf seine Hände: auf seine alten Hände mit den hervortretenden Adern und den braunen Flecken. Ihm war gleichgültig, was der Bürgermeister erzählte. Vielleicht ebenso gleichgültig wie einem zu lebenslanger Haft Verurteilten die Worte des Richters, mit denen er das Urteil begründet.

Madec fragte: »Was hat dich denn auf einmal zur Vernunft gebracht? Ist es die Ölkatastrophe? Oder haben deine Kinder dich überzeugt?«

»Vielleicht beides. Vielleicht nichts davon. Sicher ist, daß heute wieder fünf Abmeldungen eingetroffen sind. In diesem Sommer wird kein Mensch seinen Urlaub in der Bretagne verbringen. Diesen Sommer nicht. Und in den nächsten Jahren auch nicht.«

»Ja, das ist schlimm«, erwiderte Madec, und es gelang ihm, das Frohlocken in seiner Stimme zu unterdrücken. »Aber das Leben geht weiter, Jules. Nimm es nicht zu schwer. Kopf hoch! Du wirst irgendwo in der Nähe etwas bauen, und dann wirst du dort genauso glücklich sein wie in deinem alten Haus. Vielleicht noch glücklicher.«

»Kann schon sein.«

»Es ist so, glaub mir. Alles hat seine zwei Seiten. Es kommt nur darauf an, daß man es von der richtigen Seite betrachtet.«

Jules ließ das alles über sich ergehen. Er hörte kaum zu. »Kann schon sein«, sagte er noch einmal. »Ich hab noch eine Frage: Wie steht es mit Gaston? Ich meine, die Sache mit der ›Bretagne libre‹ am Gemeindehaus?«

»Ach so, das! Kannst du vergessen. Kannst du glatt

vergessen. Das sage ich dir. Das schaukle ich schon. Der Rapport der Polizei verschwindet einfach in einer Schublade. Jetzt, wo du eingelenkt hast, brauchst du dir darüber keine Sorgen mehr zu machen.«

»Bist du so sicher?« fragte Jules. »Und wenn der Staatsanwalt nicht einverstanden ist?«

»Aber mein lieber Freund – der weiß doch noch gar nichts. Und selbst, wenn er es weiß, was macht das? Du kennst doch das Sprichwort: eine Hand wäscht die andere. Na also. Laß mich nur machen und vergiß das einfach. Übrigens jetzt, da du vernünftig geworden bist, kann ich dir sogar gestehen, daß ich ein wenig hinter der ganzen Sache gestanden habe. Auf meine Veranlassung wurde dein Sohn hier eine Nacht lang festgehalten. Ich mußte das einfach tun, weil du damals noch völlig uneinsichtig warst. Das verstehst du doch – oder nicht?«

»Doch, doch«, erwiderte Jules. »Das verstehe ich.«

Er stand auf, übersah die ausgestreckte Hand des Bürgermeisters, sagte »adieu« und ging hinaus, sagte auch im Vorzimmer »adieu«. Die Sekretärin des Bürgermeisters rief ihm nach, als er schon in der offenen Tür stand: »Auf Wiedersehen, Monsieur Kerjean.« Sehr höflich, rief sie ihm diesen Abschiedsgruß nach.

Er kam rechtzeitig zum Mittagessen. Am Tisch saßen nur Odette und Armand. Sie hatten beide diese leeren, beflissenen Gesichter aufgesetzt, die zeigen sollten, daß sie jederzeit zu einem oberflächlichen Gespräch bereit waren.

Jules setzte sich zu ihnen, sagte leise: »Odette, bring mir einen Pernod.«

Sie brachte ihm den Aperitif, er leerte das Glas in einem Zug, blickte auf die vollen Schüsseln vor sich, sagte dann: »Ich mag nicht essen.«

»Ist dir nicht gut, Papa?« fragte Armand. Er wußte, was Jules krank machte, er war nun sicher, daß alles gut lief. Je miserabler Jules aussah, desto besser stand die Sache für ihn, für sein Geschäft. Aber er wollte es von Jules hören.

Er wollte ganz sicher sein. Und wenn er es gehört hatte, wollte er sofort abfahren, zurück nach Paris und in sein Geschäft.

»Mir ist gut«, erwiderte Jules. »Ich mag bloß nicht essen. Ich bin übrigens heute vormittag beim Bürgermeister gewesen. Ich habe verkauft. Ich meine, ich habe nachgegeben. Ich dachte, das interessiert dich.«

»Und ob mich das interessiert. Da kann ich dir nur gratulieren, Papa. Das war wirklich gescheit. Mich freut es für dich.«

»Für dich wohl auch. Du willst ja Geld für den Ausbau deines Restaurants. Oder willst du keins mehr?«

»Ich nicht, Papa. Ich bestimmt nicht. Aber wenn du Anne etwas auf ihre Erbschaft zahlen willst, wird sie dir sehr dankbar sein. Aber, wie gesagt, das mußt du ganz allein entscheiden. Zum Ausbau des ersten Stockes brauchen wir etwa 400000. Ich meine, das kannst du verkraften. Bei einer Einnahme von 2,2 Millionen. Die zahlen doch bar?«

»Sicher. Aber es sind nicht 2,2 Millionen.«

»Das haben die doch gesagt.«

»Jetzt bekomme ich eben nur noch 1,8 Millionen. Madec sagt, es ist nur noch soviel wert.«

»So ein Gauner!« rief Armand. »Was fällt dem denn ein! Du hast doch hoffentlich noch nicht unterschrieben?«

»Nein, er bereitet alles vor. In drei Tagen kann ich unterschreiben.«

»Gott sei Dank. Dem werden wir es geben. Laß mich nur machen. Wenn der glaubt, er kann uns erpressen, irrt er sich.«

»Ich werde gar nichts tun. Und du auch nicht. Ich habe gesagt, ich bin einverstanden. Und dabei bleibt es. Dich geht das nichts an. Und Anne kannst du ausrichten, sie kriegt ihre 400000. Yves kriegt seinen Anteil auch. Gaston bekommt ihn später.«

»Ich danke dir, Papa«, sagte Armand mit bewegter Stimme und legte seine Hand auf Jules' Arm. »Ich danke dir im Namen von Anne. Und auch in meinem Namen. Das ist sehr großzügig von dir. Ich hoffe immer noch, daß du es dir überlegst und doch noch zu uns ziehst. Wir haben hinten ein wirklich hübsches Zimmer. Anne, da bin ich ganz sicher, Anne würde sich freuen, dich bei uns zu haben.«

»Natürlich«, sagte Jules. »Grüß sie von mir und sag ihr, ich komme nicht. Und du, Odette, was wirst du tun?«

»Ich gehe in die Schweiz. Ich habe eine Stelle in Montreux.« Sie sagte es mit heller, froher Stimme, als sei damit ein lang gehegter Wunsch endlich in Erfüllung gegangen.

Jules versuchte nicht, sein Erstaunen und seine Enttäuschung zu verbergen. »Du hast ja rasch vorgesorgt«, sagte er vorwurfsvoll.

Sie erwiderte nichts. Sie waren eine Weile still, und Armand hoffte schon, er könne sich jetzt mit einem »ja dann« erheben und verabschieden. Der Boden brannte ihm unter den Füßen, er wollte weg. Er wollte nach Hause und Anne berichten, wie erfolgreich er in Lornac gewesen war.

Gerade als er »ja dann« sagen wollte, sprach Jules mit seiner langsamen und bedächtigen Stimme: »Ja, das ist nun eben alles anders gekommen, als ich es mir seinerzeit vorgestellt habe. Ich meine, als ich jung war und frisch mit Bernadette verheiratet. Aber in der Jugend stellt man sich die Zukunft wohl immer zu rosig vor. Da baut man Luftschlösser. Das Leben rückt dann ganz langsam alles zurecht. Als ich jung war, habe ich mir gerne vorgestellt, wie ich hier mit der Familie leben werde. Mit meiner Frau, mit den Kindern. Das Hotel geht gut, der Laden auch, hab' ich gedacht. Später einmal werden die Kinder alles übernehmen, und noch später die Enkel. Ja, so hab' ich mir das vorgestellt. Der Grill hinten im Restaurant. Man ist weit herum bekannt für seine Grillspezialitäten. Solches Zeug. Und dann krempelt das Leben allmählich alles um. Enttäuschungen. Wenn man älter wird, hat das

Leben für einen fast nur noch Enttäuschungen auf Lager. Als ich jung war, hab' ich oft gedacht: wie hält einer mit fünfzig oder gar sechzig das Leben noch aus? Ist ja nichts mehr drin. Dabei hab' ich damals noch keine Ahnung davon gehabt, was alles auf einen wartet, wenn man älter wird. Vielleicht hält man das Leben nur deshalb aus, weil man das letzte Wegstück besser überblicken kann ... weil das Ende ...«

Mitten in das Philosophieren von Jules hinein rückte Armand seinen Stuhl, stand auf. Jules verstummte sofort. Armand sagte: »Jetzt muß ich mich aber auf den Weg machen.«

Er verabschiedete sich, gab seinem Schwiegervater einen flüchtigen Kuß auf die Wange. Kein richtiger Kuß. Er legte bloß – wie es in Frankreich üblich ist – seine Wange kurz an Jules' Wange und ließ sich von seinen Bartstoppeln stechen.

Sie begleiteten ihn vors Haus. Als er in den Wagen stieg, sagte er: »Yves soll spätestens in zwei Tagen kommen.«

16

Eigentlich hatte Madec sich vorgenommen, über Mittag im Büro zu bleiben. Seit die »Amoco Cadiz« zwei Kilometer vor der Küste lag, und das Öl floß aus ihrem Innern wie das Blut aus einem geschlachteten Tier, hatte er keine ruhige Minute gehabt. Anrufe über Anrufe, Befehle ausgeben. Und immer und immer wieder die Bürger von Lornac trösten, die in ihrer Verzweiflung zu ihm kamen und sich von ihm – wenn schon nicht Hilfe, so doch beruhigende Worte erhofften. Er hatte über Mittag ein paar dringende private Dinge erledigen wollen, denn er war schließlich nicht nur Bürgermeister. Er war auch noch Privatmann. Und Bauunternehmer. Gerade seine Aufgaben als Bauunternehmer hatte er in den letzten drei Tagen vernachlässigt. Und jetzt auf einmal dieser erfreuliche Bescheid von Kerjean.

Nein, er hielt es im Büro nicht mehr aus. Er war zu aufgeregt. Dieses wochenlange Warten zwischen Hoffnung und Verzweiflung und Wut über die sture Haltung von Kerjean! Und jetzt dieser Sieg. Man soll nur mal versuchen, einen Olympiasieger, gleich nachdem man ihm das Gold umgehängt hat, in einen Bürostuhl zu zwingen, und da soll er nun arbeiten. Er kann nicht! Auch Madec konnte nicht. Er hatte zusätzlich 400 000 Francs gewonnen. Dank seiner Geistesgegenwart hatte er 400 000 Francs gerettet. Immerhin eine schöne Entschädigung, die ihm dieser Starrkopf für seine lange Weigerung und die schlaflosen Nächte schuldig war. Nun hatte er ihn also doch noch bezwungen. Das war ein Triumph, fast so schön wie der Gewinn.

Henriette mußte es erfahren. Der Gemeinderat auch. Den Gemeinderat mußte er sogleich einberufen, jetzt durfte keine Zeit mehr vertan werden. Die würden staunen, und nicht nur staunen: die Köpfe zusammenstekken würden die, flüstern: das hat unser Bürgermeister wieder mal glänzend gemacht. Und er oben am Tisch, als ginge ihn dieses Flüstern, die bewundernden Blicke nichts an. Sich bescheiden geben und vielleicht so nebenbei einflechten: »Ich habe nur meine Pflicht als Bürgermeister getan.«

Unbescheiden wollte er nicht sein. Vielleicht, dachte er, hatte die »Amoco Cadiz« ebensoviel zur Sinneswandlung von Jules beigetragen wie seine Überredungskunst. Dann konnte man – trotz allem – von Glück im Unglück sprechen. Manchmal waren eben solche Schicksalsschläge nötig, wenn die Menschen gar zu hartnäckig und verstockt den falschen Weg gingen.

Er ging zum Hafen hinunter, sah den Leuten eine Weile zu, wie sie mit ihren einfachen Geräten und Behältern hantierten. Die ihm am nächsten standen, fragten ihn, wie es nun um den Tanker stehe. Ob man ihn wirklich nicht abschleppen könne.

»Ich habe keine neuen Informationen«, antwortete er und zeigte ein abgespanntes Gesicht. »Schiffe der Marine sind unterwegs, es wird alles getan, um das Schlimmste abzuwenden.«

»Das Schlimmste ist bereits geschehen«, sagten die Leute. Aber er schüttelte den Kopf. »Erst die Hälfte des Öls ist ausgelaufen. Man versucht immer noch, näher an den Tanker heranzukommen, um den Rest des Öls zu retten.«

Er mußte den Leuten das sagen, obwohl er aus sicherer Quelle wußte, daß die Regierung versagt hatte. Aber das durfte er hier nicht sagen, nicht diesen verzweifelten Menschen, die entgegen jeder Logik sich von ihm Trost versprachen. Sie würden es selber früh genug erfahren, daß alles nur Flickwerk und Pfusch war, was man da draußen unternahm. Am allerwenigsten durfte er ihnen sagen, was er am Morgen vertraulich von einem Freund in Brest vernommen hatte: daß es wahrscheinlich möglich wäre, die »Amoco Cadiz« in einen Hafen zu schleppen. Aber dann würde nach internationalem Seerecht die Ladung dem gehören, der das Schiff abschleppte. Das erlaubte die Gesellschaft, der die »Amoco Cadiz« gehörte, nicht. Also ließen sie das Öl lieber ins Meer fließen, um es nicht einem Konkurrenten gratis überlassen zu müssen.

Vielleicht stimmte das nicht. Solche Gerüchte kommen schnell in Umlauf. Aber sein Freund in Brest war sonst vorsichtig und zuverlässig.

Er sah Gaston und Marie-Louise, die mit einem Korb voll triefender, verfilzter Vögel vom Strand herkamen. »Wo bringt ihr sie hin?« fragte er.

»Ins Schulhaus, zu Dr. Cohn.«

»Brav«, sagte er. »Das freut mich, Gaston. Damit machst du vieles wieder gut. Du weißt, was ich meine. Ich werde auf jeden Fall ein gutes Wort für dich einlegen.«

Dann fuhr Madec nach Hause. Henriette hatte Besuch.

Er trat in den Salon, ging auf die beiden Frauen mit seinen kurzen, fast militärischen Schritten zu, die sein Übergewicht vergessen ließen und seinen nun einfach nicht mehr wegzuleugnenden Bauch.

»Setz dich zu uns«, sagte Henriette mit einem Lächeln, wie es der Gattin des Staatspräsidenten nicht besser gelingen konnte. Er hob abwehrend die Hände. »Leider leider ... wie gern ... aber die Geschäfte.«

Er ging in sein Arbeitszimmer. Er vermied es, ans Fenster zu gehen und auf das Meer hinauszublicken. Das Meer war kein schöner Anblick. Nicht für einen empfindsamen Menschen wie Madec. Darum hätte er auch unmöglich am Strand unten helfen können. Eimerweise Schlamm wegtragen, einen Vogel packen, der sich anfühlte wie in Öl getauchte Putzfäden, während der Ebbe die Felsen mit Schrubbern säubern, und die nächste Flut klebte die doppelte Menge Öl wieder hin!

Man erwartete auch nicht, daß er das tat. Bei ihm liefen die Fäden zusammen, er war der Organisator der Hilfsaktion im ganzen Bezirk. Wenn bisher fast nichst geschehen war, so war es bestimmt nicht sein Fehler. Er beteuerte immer wieder, sein Telefon laufe heiß, so sehr setze er sich ein und werde nicht müde und kämpfe und mache mit seinem Kampf auch nicht halt vor den Mächtigsten im Staat, allen sage er unverblümt, was nun endlich an Notwendigem zu geschehen habe. Ob man ihm das glaube?

Sie nickten, aber ihm schien, sie nickten nicht mehr so überzeugt, wie sie vor der Ölkatastrophe genickt hatten. Und manche nickten überhaupt nicht mehr und gingen einfach weg. Als ob er schuld wäre an der ganzen unerhörten Sauerei!

Später am Nachmittag kam Henriette, klopfte an, trat ein. So hatten sie es seinerzeit vereinbart: anklopfen und gleich eintreten. Sie fragte: »Hast du etwas?«

»Warum?« fragte er zurück. »Was sollte ich haben?«

Natürlich hatte sie es ihm angesehen, als er in den

Salon trat, obwohl er sich bemüht hatte, sich nichts anmerken zu lassen. Und er war jetzt geradezu stolz auf Henriette und ihre Menschenkenntnis. Sie hatte er nicht getäuscht.

»Setz dich zu mir, Henriette«, sagte er.

Sie setzte sich, fragte: »Gute Neuigkeiten? Endlich wieder einmal etwas Gutes?«

Er berichtete. Er berichtete, wie Kerjean angerückt sei, wie er ihn zuerst eine halbe Stunde habe warten lassen. Und dann habe er ihn ganz barsch behandelt, so nach der Art: tut mir leid – keine Zeit! Und da habe sich dann herausgestellt, daß das Öl ihn fertiggemacht habe. Alle Hotelgäste hätten ihre Anmeldungen für den Sommer zurückgezogen, weil es ja schließlich keinen danach gelüste, im Schweröl zu baden. Kerjean also habe endlich eingewilligt und sei bereit zu verkaufen.

Henriette freute sich sehr. Sie umarmte ihn, sagte, sie habe immer gewußt, daß er siegen würde, er mit seiner Energie und mit seinem Weitblick. Ihm wäre hier einfach keiner gewachsen. Wie es jetzt weiterginge?

»Ich habe den Gemeinderat für heute abend telefonisch einberufen. Es kommen nicht alle. Zum Teil arbeiten die am Meer unten, und dann sind sie am Abend zu müde. Aber das macht nichts. Drei werden bestimmt kommen, dann sind wir beschlußfähig. Und dann wird alles endgültig geregelt.«

Natürlich roch es auch in seinem Haus nach Öl. Aber Henriette hatte ein bißchen mehr Parfüm mit dem Glasstöpsel hinter die Ohren getupft. Sie roch so gut, er hätte sie gerne in die Arme genommen und geküßt, aber es war seit je sein Grundsatz gewesen: im Büro keine Zärtlichkeiten! Er dachte an den Abend und sagte: »Wir könnten heute abend wieder einmal den Kamin anzünden. Am Kaminfeuer essen. Wenn du Lust hast.«

Sie lächelte ihr zärtlichstes Lächeln, erwiderte: »Natürlich!« Dann ging sie doch auf ihn zu, küßte ihn und sagte: »Du bist und bleibst ein Romantiker.«

»Ich bin ein Romantiker, aber ich bin auch Geschäftsmann«, entgegnete er stolz. Und dann erzählte er ihr das Beste, nämlich, wie er Kerjean, ohne mit der Wimper zu zucken, 400000 Francs abgeknöpft hatte.

Henriette war begeistert, küßte ihn noch einmal, sagte: »Darling« und verließ das Arbeitszimmer. Es blieb ihm jetzt nicht mehr sehr viel Zeit, um die Gemeinderatssitzung vorzubereiten. Er wollte sie ganz formlos gestalten, kein Protokoll und solches Zeug, er wollte ihnen einfach mitteilen, daß er Kerjean bezwungen hatte, und er wollte ihre Gesichter sehen, wenn sie das hörten. Und während er noch über die kommende Sitzung nachdachte, kam ihm die Idee, er könnte einen Teil des so leicht erworbenen Geldes mit Henriette auf einer Südseereise ausgeben. Ein paar Wochen ausspannen, per Schiff, per Flugzeug in der Welt herumreisen, ohne festen Plan, einfach überallhin, wo es schön war.

Er hatte es richtig vorausgesehen, es erschienen nur drei Gemeinderäte, und auch die drei erklärten, sie könnten nicht lange bleiben. Sie seien hundemüde von der verfluchten Plackerei. Sie waren nicht nur müde. Sie waren auch niedergeschlagen. Man sah ihnen an, sie hatten die Hoffnung aufgegeben. Das war nicht verwunderlich, denn noch immer floß Öl aus der »Amoco Cadiz«, und es hieß, die Regierung habe sich auf Anraten der Fachleute entschlossen, den Tanker zu versenken. Von der Möglichkeit, wenigstens noch einen kleinen Teil der 230000 Tonnen Öl aus dem Tanker abzupumpen, damit nicht alles ins Meer floß, sprach keiner mehr.

Natürlich wollten die Männer wissen, ob noch irgendeine Möglichkeit bestehe, einen Teil des Öls aus dem Tanker zu pumpen. Madec hatte sich vorher überlegt, wie er solchen Fragen begegnen sollte. Am besten sagte er ihnen die ganze Wahrheit. Und dann erst zum Schluß die gute Nachricht: Arbeit für die Leute in Lornac, Geld für die Bauern, die Handwerker und alle. Er sagte: »Es besteht überhaupt keine Hoffnung.«

»Dann ist die ganze Bretagne kaputt«, sagte einer. »Da ist nichts mehr zu retten.«

Sie berichteten, wie das Vieh jetzt schon an Durchfall litt. Milch gaben die Kühe sozusagen keine mehr, das junge Gemüse war mit einem dünnen Ölfilm bedeckt und ging sicher zugrunde. Und bald würde es unmöglich sein, die Straßen zu benutzen. Bei jedem Bremsen gerieten die Fahrzeuge ins Schleudern. Den Leuten würde übel von dem Gestank. Wer würde diesen unermeßlichen Schaden bezahlen?

»Die Regierung wird sicher die Verantwortlichen zur Rechenschaft ziehen«, sagte Madec.

Sie fragten, wie das wohl möglich wäre. »Vielleicht läßt sich errechnen, welchen Schaden einer in den nächsten fünf Jahren erleidet, wenn seine Austernbänke verloren sind, aber wie will man ausrechnen, welcher Schaden den Geschäftsleuten in einem Ort erwächst, wenn den ganzen Sommer über keine Fremden kommen? Die Hotels leer, die Fremdenzimmer, die Ferienhäuser leer. Das ist das Ende von allem«, sagten sie.

Und ebenda setzte Madec ein. »Keineswegs«, erwiderte er. »Es ist mir heute gelungen, Kerjean zum Verkauf zu bewegen. Wir können das ganze Land verkaufen, und wenn hier erst einmal die Öltanks stehen, gibt das Arbeit und Verdienst für Lornac.«

Vielleicht – so dachte er später – hätte er nicht das Wort »Öltanks« gebrauchen sollen. Sie waren nicht begeistert, sie waren nicht einmal mehr einverstanden. Von diesem verdammten Öl hatten sie genug. Kerjean sei wahrscheinlich der Gescheiteste im ganzen Dorf gewesen. Und wenn so ein Tank auslaufe? Oder zu brennen anfange und das Feuer greife über auf die anderen? Dann stehe bald ganz Lornac in Flammen, und das sei dann die Quittung für diesen voreiligen Verkauf von Land.

Madec war bleich geworden. Das nicht – das durfte einfach nicht sein, daß jetzt, da alles in Ordnung schien, der Gemeinderat auf einmal Schwierigkeiten machte und vielleicht sogar das Geschäft hintertrieb. Und die weißen Strände der Südsee würden unerreichbar bleiben. Er redete ihnen zu, er versprach, was man nur versprechen konnte. Aber es gelang ihm nicht, sie zu überzeugen. Sie entgegneten auf alle seine einleuchtenden Argumente: »Hast du gesehen, wie elend meine Kühe im Stall stehen? Hast du das Gemüse gesehen, die jungen Blätter braun statt hellgrün? Oder hast du mit den Krabbenfischern gesprochen, die jetzt nur die Hände im Schoß falten können und beten, daß ihnen jemand in den nächsten Monaten zu essen gibt. Weil alle Krabben und Seespinnen tot sind.«

Er kämpfte mit ihnen, aber sie blieben uneinsichtig. Sie sagten nur: »Du kannst gut reden. Du verdienst ein Saugeld an diesen Tanks. Wir nicht. Heute will diese Tanks keiner mehr. Und wenn du deinen Kopf durchdrücken willst, wirst du bei der nächsten Wahl nicht mehr Bürgermeister sein.«

So war das also. Kein Verkauf des Gemeindelandes und damit kein Bau von Tanks! Und nicht nur das: sogar zu drohen wagte man ihm. Nicht mehr Bürgermeister! Das sah ganz schlimm aus. Aber noch war nicht alles verloren. Er konnte, er mußte mit den andern Ratsmitgliedern reden. Er mußte auch Kontakt mit der Bevölkerung aufnehmen, den Leuten Mut zusprechen, sie aufmuntern.

Soweit man sah, überall dieselbe dunkelbraune Farbe des Meeres. Es hieß, der Teppich sei 200 km lang. Und da sollte es möglich sein, den Menschen, die jetzt alles verloren hatten, Mut zuzusprechen? Er traute sich viel zu. Aber er wußte, das schaffte auch er nicht ohne weiteres.

17

Marie-Louise und Gaston hatten in fünf Tagen 162 Vögel gerettet, und jetzt, am sechsten Tag nach der Katastrophe, ging immer noch alles genauso weiter wie am Anfang. Nur daß zwei Männer aus Roscoff gekommen waren und das Bootshaus am Hafen unten geräumt hatten. Dahin konnte man jetzt die verschmutzten Vögel bringen. Dr. Cohn, der fünfzehn Stunden am Tag gearbeitet hatte, wurde entlastet und konnte die Bauernhöfe besuchen, wo Kühe und Kälber an Durchfall litten, sich oft mitten am Tag hinlegten und nicht mehr auf die Beine zu bringen waren.

Man wartete jetzt darauf, daß die »Amoco Cadiz« gesprengt würde. Man versprach sich nichts davon, jedenfalls keine Besserung und schon gar keine Rettung für die Nordküste der Bretagne. Darin waren sich alle einig: zu retten gab es nichts mehr. Dennoch arbeiteten die Leute wie am ersten Tag, freilich nicht mehr mit demselben Eifer. Man hatte Ölabscheider eingesetzt, riesige Zisternenwagen pumpten Öl und Dreck aus den Gruben und fuhren damit weg. Niemand wußte, wohin. Man sagte, in der Nähe liege ein Tanker vor Anker, der diese Brühe aufnahm und sie dann irgendwohin transportierte. Irgendwohin – nur weg von hier. Man hatte versucht, mit Ölabsperrungen einige besonders gefährdete Küstenabschnitte zu schützen. Man hatte diese Ölabsperrungen ausgelegt, obschon jeder hier wußte, daß sie bei dem hohen Wellengang ohne jede Wirkung sein würden.

Die Menschen arbeiteten von früh bis spät, reinigten den Strand und das Meer auf rührend unbeholfene und dürftige Weise. Obschon alle seit fünf Tagen im Einsatz waren, sah man keinen Erfolg: der Ölteppich blieb – zweihundert Kilometer lang, über zehn Kilometer breit. Was man eimerweise abschöpfte und taumelnd und mit wunden Händen und Füßen hinauftrug und in die Gruben leerte, war gar nichts im Vergleich zu der Menge, die noch auf dem Wasser lag, den Sand bedeckte, an die Felsen schwappte und alles Leben erstickte.

Die Leute waren müde geworden. Sie verrichteten ihre Arbeit mit der Stumpfheit von Tragtieren, man hörte kaum mehr Gespräche. Auch das Fluchen hatte aufgehört. Wer flucht, rebelliert, lehnt sich auf, hat sich noch nicht ergeben. Die Leute in Lornac fluchten nicht mehr. Dazu war es zu spät. Man hatte sich damit abgefunden, daß keine Hoffnung mehr bestand. Die Älteren sagten etwa: »Es ist wie damals im Krieg. Da hatte man auch keine Hoffnung mehr.«

»Aber das hier macht unser Land gründlicher kaputt als der Krieg«, sagte einer. Und ein dritter meinte: »Jetzt haben wir Öl, aber wir haben keine Ideen, wie man es loswerden könnte.«

Am Nachmittag sagte Marie-Louise zu Gaston: »Ich kann nicht mehr, ich falle vor Müdigkeit gleich um.«

Sie stapften in ihren schweren Stiefeln durch den Ölschlamm, bei jedem Schritt versanken sie bis zu den Knöcheln, und wenn sie den Fuß mit aller Kraft herauszogen, schmatzte der Boden unter ihnen. Marie-Louise blieb stehen, sagte: »Ich kann einfach nicht mehr!« Als Gaston sie erstaunt anblickte, weil in ihrer Stimme ein Ton mitklang, den er noch nie gehört hatte, sah er, daß sie weinte.

»Warum weinst du?« fragte er.

»Ich bin so müde.«

»Komm!« sagte er. »Wir setzen uns auf die Kaimauer.«

Sie sahen fast aus wie Mondfahrer oder Figuren aus einem Science-fiction-Film mit ihren großen Ölmänteln, den schwarzen Handschuhen, den hohen Stiefeln und ihren verschmierten Gesichtern. Sie wateten zur Kaimauer hinüber, setzten sich. Marie-Louise war so erschöpft, sie konnte nicht einmal mehr die Handschuhe ausziehen. Gaston zog sie ihr aus, auch die Stiefel, und dann saßen sie eine Weile still da.

Marie-Louise weinte immer noch, aber leiser, zögernder auch. Es waren nur noch ein paar letzte Tränen, die über ihr ölverschmiertes Gesicht rannen. Gaston fühlte eine Zärtlichkeit, die ihm selber neu war. Er hätte Marie-Louise irgendwohin tragen mögen, weit weg von hier, vielleicht in einen fernen Wald, wo plötzlich hinter Bäumen weiße Märchenschlösser auftauchen und Diener mit treuen Gesichtern, wie man sie nur aus den Märchen kennt.

»Es tut mir leid«, sagte Marie-Louise und wischte sich mit dem Handrücken die letzten Tränen aus den Augen. »Es gibt ja noch so viel zu tun. Aber ich kann einfach nicht mehr, wenn ich weitermache, falle ich um.«

»Es muß dir nicht leid tun, Marie-Louise«, erwiderte er. »Ich hätte nicht geglaubt, daß du so bist.«

»Wie bin ich denn?« fragte sie und versuchte ein Lächeln.

»Ich weiß nicht. Einfach so, wie du bist. Hübsch bist du auch.«

Jetzt lachte sie richtig. »So, wie ich aussehe«, sagte sie. »Ist mein Gesicht auch so verschmiert wie deins?«

Er blieb ernst, sagte: »Macht nichts, daß dein Gesicht verschmiert ist. Mir gefällst du auch so.«

»Ich mag dich nämlich auch«, sagte sie leise.

Er legte den Arm um sie, sie hatten die Ölmäntel noch nicht ausgezogen, und er hatte Mühe, den Arm bis zu ihren Schultern zu heben.

»Du«, sagte er, »wir ziehen die Mäntel aus. Wir arbeiten nicht mehr. Ist ja auch schon ziemlich spät.«

»Es sind immer noch so viele Vögel im Öl«, meinte sie, aber sie wußte, daß sie diesen Vögeln jetzt nicht mehr helfen konnten.

Er half ihr, den Mantel auszuziehen, er legte den Arm wieder um sie, und jetzt fühlte er erst, wie schmal sie war. Er wollte sie küssen, aber sie wehrte ab. »Zuerst mußt du deine Lippen abwischen«, sagte sie, »ich auch.«

Sie küßten sich vor allen Leuten. Sie wußten beide, an einem gewöhnlichen Tag hätte sich das in Lornac nicht geschickt. In Brest vielleicht oder in Paris, aber nicht in Lornac. Aber heute war kein gewöhnlicher Tag – es war der Tag, an dem sie sich entdeckt hatten. Schon vorher hatten sie sich gern gemocht, aber jetzt war es anders. Nach diesen fünf Tagen gemeinsamer Arbeit. Vorher hatten sie keine Ahnung davon gehabt, daß es das gibt: dieses Sichverstehen ohne Worte. Auch jetzt wußten sie nicht genau, was sie verband, und sie hätten beide nicht gewagt, es Liebe zu nennen. Daß es anders war als früher, das fühlten sie.

»Wenn ich zu Hause bin, stelle ich mich mal längere Zeit unter die Dusche«, sagte Gaston.

»Wir haben keine Dusche«, sagte Marie-Louise.

»Wie machst du das denn? Ich meine, wie kannst du dich waschen?«

Sie lachte. »Wie zu Großmutters Zeiten«, sagte sie. »Man kocht Wasser auf dem Herd. Wenn genug Wasser da ist, setze ich mich in den Zuber. So waschen wir uns. – Das kommt dir wohl komisch vor – altmodisch, nicht?«

Er wollte nicht der Snob sein, für den sie ihn nun halten mußte; einer, der an Luxus gewöhnt ist und zeigen will, daß er die andern, diejenigen ohne Luxus, nicht verachtet. Er sagte rasch: »Du kannst bei uns duschen. Wir haben genug warmes Wasser. Nachher bring' ich dich heim.«

»Nein«, rief sie erschrocken. »Das geht nicht.«

»Wieso nicht?«

»Ist denn dein Vater nicht zu Hause?«

»Der hat bestimmt nichts dagegen. Es wär' doch lustig.«

Sie fand es auch lustig, aber sie sagte doch noch einmal: »Dein Vater ist nicht gut zu sprechen auf die andern im Dorf. Weil sie wollen, daß er verkauft.«

»Jetzt hat sich das geändert«, erwiderte Gaston. »Er hat ja verkauft.«

»Er hat verkauft?« fragte sie. »Ist das wahr?«

»Klar!«

Er hatte sie bloß beruhigen wollen, er hatte ihr erklären wollen, daß sie nicht zu zögern brauchte und ruhig mit ihm heimgehen konnte. Aber sie war jetzt noch nachdenklicher geworden, noch zögernder.

»Also, gehen wir?« fragte er schließlich.

Sie standen auf, warfen die Ölmäntel über die Schultern, die Handschuhe zogen sie nicht mehr an. Marie-Louise sagte: »Ich bin so müde, ich kann fast nicht mehr gehen.«

»Es sind ja bloß zweihundert Meter bis zu unserm Haus. Du kannst bei uns zu Abend essen – wenn du magst.«

Sie antwortete nicht. Sie ging langsam und nachdenklich neben ihm her. Weil sie nichts sagte und auch ein Gesicht machte, als wolle sie nie mehr reden, fragte er: »Was hast du? – Hab' ich etwas falsch gemacht?«

»Nein. Wenn dein Vater verkauft hat, geht ihr wohl von hier weg?«

»Ich denke schon. Aber ich wäre ja ohnehin bald weggegangen. Ich suche mir eine Lehrstelle. Nicht weit weg. Ich meine, höchstens bis Brest oder so. Am Wochenende wäre ich immer hier. Natürlich nur, wenn du willst. Sonst kann ich das Wochenende ebensogut anderswo verbringen.«

»Ich will aber«, sagte sie.

Der Vater war zu Hause, Odette auch. Aber Kerjean saß nicht in der Bar, er war oben. Man hörte ihn hin und her gehen. Gaston fragte: »Was macht er oben?«

Odette antwortete nicht. Sie sah, daß Marie-Louise verlegen war und vor Verlegenheit am liebsten kehrtgemacht hätte.

»Setz dich!« sagte sie. Gaston, nun auch ein wenig verlegen, fügte hinzu: »Klar, setz dich doch! Marie-Louise möchte bei uns duschen.«

»Ist ja gar nicht wahr«, rief sie und wurde rot. »Du hast gesagt, ich soll.«

»Natürlich«, sagte Odette, »selbstverständlich. Ich gebe dir ein Handtuch und Seife. Aber nachher kannst du deine schmutzigen Sachen nicht mehr anziehen.Ich hole dir etwas von mir. Wir haben ja beide ungefähr die gleiche Figur.«

»Sie sind schlanker«, sagte Marie-Louise.

»Wieso sagst du auf einmal ›Sie‹ zu mir. Das klingt so gespreizt.«

»Also gut, dann sage ich ›du‹.«

»Nachher kannst du bei uns essen. Wir haben genug.«

Odette holte zu Hause Jeans, Unterwäsche, einen Pullover, während Marie-Louise duschte. Die Kleider paßten gut, nur die Hosen waren ein bißchen zu lang. Marie-Louise zeigte sich den beiden. »Zu eng sind die Jeans eigentlich nicht«, sagte sie.

»Was treibt Papa oben?« fragte Gaston noch einmal.

»Hörst du es nicht?«

»Was soll ich hören? Daß er umhergeht, höre ich. Sonst nichts.«

»Eben«, sagte Odette. »Ich denke, er nimmt Abschied von seinem Haus. Es ist nicht leicht für ihn.«

»Du hast recht«, sagte Gaston. »Daran habe ich nicht gedacht. Du kennst ihn besser als ich. Besser als wir alle. Wann müssen wir hier ausziehen?«

»Ich weiß es nicht«, erwiderte Odette. »Ich geh' vorher weg. Nächste Woche fahre ich in die Schweiz. Am ersten April fange ich dort an zu arbeiten.«

»Und Yves?« fragte er.

»Was ist mit ihm?«

Er wagte nicht zu fragen: Was sagt Yves dazu, daß du wegfährst. Er sagte: »Yves hat noch nichts gesagt zum Verkauf. Noch kein Wort. Und er ist auch nicht weggefahren. Er wollte doch vorgestern nach Paris zurück.«

Zum Essen kam Kerjean herunter, setzte sich stumm an den Tisch, war kein bißchen erstaunt, Marie-Louise zu sehen. So weit weg waren seine Gedanken. Gaston sagte: »Das ist Marie-Louise.«

»Ach so, Marie-Louise. Wie geht es deinem Vater, Marie-Louise?«

Er hörte schon nicht mehr zu, als sie antwortete. Er aß schweigend, blickte nur ein einziges Mal auf und fragte Odette: »Ist Yves immer noch am Strand unten?«

»Wir haben ihn gesehen«, sagte Gaston. »Nicht wahr, Marie-Louise, wir haben ihn gesehen. Er arbeitet bei den Absaugvorrichtungen. Die hören erst auf, wenn es ganz dunkel ist.«

Sie hörten in der Küche, daß jemand die Bar betrat. Sie waren zuerst so erstaunt, daß sie sich nur anblickten. Auf einmal wieder ein Gast in der Bar? Jules machte Odette mit dem Kopf ein Zeichen. Sie ging hinüber. Zwei Fernfahrer standen an der Theke. Dicht vor dem Fenster der lange Lastwagen mit der Aufschrift »Gefrierfleisch«. Sie bestellten ihre Getränke; es waren zwei kräftig gebaute Männer um die vierzig in blauen Arbeitsanzügen.

Odette blieb in der Bar, setzte sich auf ihren Stuhl hinter der Theke. Der eine Fahrer sagte zu ihr: »Da sieht es schlimm aus, bei euch. Schlimmer noch als weiter westlich.«

»Die ›Amoco Cadiz‹ liegt direkt vor unserer Küste«, sagte Odette. »Nicht mal zwei Kilometer entfernt.«

»Wir müssen noch bis Dinard«, sagte der andere Fahrer. »Aber ob wir das schaffen, weiß der Teufel. Bei diesen Straßen. Alles mit Öl bedeckt. Man kann bloß mit dreißig fahren, und wenn man bremsen muß, dreht der Anhänger den Arsch nach links und versperrt die Straße.«

Yves kam heim, seine Kleider rochen nach Öl. Er grüßte die Gäste mit einem kurzen Kopfnicken, guten Abend, ging nach hinten, zog seine Arbeitskleider aus, kam an die Bar zurück, stellte sich neben die Fahrer und sagte: »Odette, gib mir bitte ein Suze. Ich brauche irgend etwas, bevor ich esse.«

»Waren Sie am Strand?« fragte einer der Fahrer.

Odette stellte ihm das Glas hin, er schob es zurück, sagte: »Mehr Eis! – Ja, am Strand. Wir haben zwei Gruben ausgehoben. Da leeren die Leute den Dreck eimerweise hinein, von dort wird er dann weggeschafft.«

»Ihr säubert hier den Strand genau wie in Portsall. Damit erreicht ihr doch nichts. Da müßten doch richtige Maschinen her.«

»Was für Maschinen?« fragte Yves.

»Irgendwelche. Ist ja nicht meine Sorge. Absauger oder so etwas. Das ist doch Sache der Regierung, etwas zu unternehmen.«

»Natürlich. Aber wenn die Regierung nichts tut oder nichts tun kann, dann müssen wir uns eben so helfen, wie es geht. Hauptsache ist am Ende, man tut überhaupt etwas. In den letzten Tagen sind etwa zwanzig Tankwagen voll Schlamm abtransportiert worden. Wenn wir mit unsern lächerlichen Eimern nichts unternommen hätten, lägen diese zwanzig Tankwagen voll immer noch auf dem Wasser.«

»Naja«, sagte der Fahrer. »Wenn man es so ansieht, haben Sie recht.«

»Viele Hände ersetzen einen Kran«, sagte Yves. »Die chinesische Mauer ist auch durch Handarbeit errichtet worden. Die Pyramiden auch. Hauptsache, jeder hilft und tut, was er kann.«

Sie hörten in der Küche hinten, was Yves sagte. Jules schüttelte ungläubig den Kopf, fragte Gaston: »Wie redet denn der plötzlich? Was ist in den gefahren?«

»Ich weiß nicht, was in ihn gefahren ist«, erwiderte Gaston. »Aber er hat recht. Marie-Louise und ich, wir haben mit unsern bloßen Händen viele Vögel gerettet. Die wären sonst alle zugrunde gegangen.«

»Ja. Morgen gehen wir wieder«, sagte Marie-Louise. »Du kommst doch, Gaston?«

»Natürlich komme ich.«

»So«, sagte der eine der Fahrer, »wir müssen uns auf den Weg machen, sonst sehen wir Dinard heute nicht mehr. Wir wünschen Erfolg bei eurer Arbeit.«

»Und Ausdauer«, fügte der andere hinzu.

»Das Essen steht auf dem Tisch«, sagte Odette, als die beiden gegangen waren.

»Ich mag nicht essen. Wenn man den ganzen Tag da unten in dem Dreck steht, da wird man zwar hundemüde. Aber essen kann man nicht. Wahrscheinlich ist es der Gestank, der einem auf den Magen schlägt.«

»Du solltest trotzdem etwas essen«, sagte Odette. »Vielleicht ein paar Eier?«

»Später. Heute habe ich alte Schulkameraden getroffen, wir haben zusammen da unten gearbeitet. Das war ein komisches Gefühl, plötzlich wieder mit denen zusammen zu sein. Früher habe ich kaum an sie gedacht. Robert Blanchard zum Beispiel. Mit dem habe ich während der Schulzeit kaum gesprochen. Ich dachte, der sei mir zu blöd. Aber der ist gar nicht so dumm, das habe ich heute gemerkt. Wir haben über alles gesprochen, hauptsächlich natürlich über das Öl. Aber nicht nur darüber, auch was sonst auf der Welt geschieht. Was da kaputtgemacht wird, bloß weil es Geld einbringt. Das ist schon eine Gemeinheit. Wir machen alles kaputt, und diejenigen, die nach uns kommen, haben den Dreck. Blanchard hat schon recht, wenn er sagt, das ist die Herausforderung unserer Zeit. Nicht bloß das Öl, verstehst du. Alles andere gehört dazu. Zum Beispiel die Öltanks, die sie hier errichten wollen. Dadurch geht wieder ein Stück Land zum Teufel. Für alle Zeiten. Bloß, weil eine Ölgesellschaft ihren Gewinn verdoppeln will. Das ist tatsächlich eine Herausforderung. Man kann sie annehmen, oder man kann nachgeben. Meine Kameraden haben gesagt: Jetzt ist es endlich genug. Im Grunde haben sie recht. Schließlich ist das hier unser Land. Wir wollen uns nicht verdrängen lassen. Wir wollen nicht aufgeben. Sie sagen, hier wollen wir leben – nicht nur Geld verdienen, sondern auch leben. Was sagst du dazu?«

»Ich denke«, erwiderte Odette, »daß sie recht haben. Man sollte endlich den Mut haben, etwas zu unternehmen. Nicht nur hier bei uns, sondern überall, wo sie die Welt zerstören.«

»Überall«, sagte er. »Aber wir sind schließlich hier. Jeder an seinem Platz. Ich bin eben doch mehr Bretone, als ich gedacht habe. Heute habe ich das gespürt, als ich mit den andern sprach. Nicht aufgeben – jetzt erst recht nicht.«

Die andern waren, als sie ihn so laut und mit soviel Überzeugung reden hörten, aus der Küche gekommen. Jules sagte, als Yves fertig war: »Schließ die Tür ab, Odette. Es kommt zwar sowieso niemand zu mir. Es soll heute auch niemand kommen. Ich habe nämlich mit dem da zu reden.«

Er setzte sich zu Yves an den Tisch, stützte die Ellbogen auf. »So«, sagte er dann, »du hast also mit deinen Schulkameraden gesprochen. Das ist aber nett von dir. Findest du nicht auch, Odette? Und ihr habt sogar herausgefunden, daß das, was hier vorgeht, nicht gut ist? Das ist ja großartig! Soll ich dir etwas sagen? Soll ich dir sagen, was ich davon halte? Wenn ich dich so großspurig reden höre, kommt mich das Kotzen an. Geh zurück nach Paris. Dort gehörst du hin, nicht hierher. Hier braucht man dich nämlich nicht, hier wird man ohne dich fertig. Den Dreck schaffen die Leute ohne dich weg. Aber Armand braucht dich. Hat er doch gesagt! Oder hat er es nicht gesagt? Also, dann geh endlich. Und laß uns in Frieden.«

Er hatte den Kopf wie zum Kampf gesenkt, er blickte Yves von unten herauf zornig an, und als dieser etwas entgegnen wollte, schnitt er ihm das Wort ab: »Geh endlich zu Armand. Und halte hier keine Volksreden. Jetzt ist es nämlich zu spät, hier noch irgend etwas zu wollen. Das hättest du dir früher überlegen müssen. Du weißt, daß ich verkauft habe. Und daß hier in einem Jahr oder in zweien Öltanks stehen werden. Fortschritt! Industrielle Entwicklung! Du wolltest doch, daß ich verkaufe. Deinetwegen habe ich es getan. Vor allem deinetwegen! Also spiel jetzt nicht den Umweltschützer, sondern geh zu deinem Schwager. Das Geld, das ich dir versprochen habe, kriegst du ohne lange Reden. Das ist ja euer Fortschritt: Geld verdienen – und noch mehr Geld verdienen. Also komm mir nicht mit deinen frommen Sprüchen von Herausforderung annehmen und all dem Unsinn. Wenn Armand so redet, macht mir das nichts. Der war schon immer verlogen. Aber wenn mein Sohn so daherredet, das macht mich wütend.«

Es war schon so etwas wie eine Kriegserklärung an Yves. Nun konnte der offene Streit zwischen den beiden ausbrechen. Dieser Streit, der schon lange geschwelt hatte, der nur entfacht werden mußte. Und nun hatte also der Vater ihn entfacht. Yves konnte sich diese Beleidigungen nicht gefallen lassen, jetzt mußte es zum großen Krach kommen – Türen zuschlagen, Drohungen, Abreise.

Erstaunlicherweise blieb Yves gelassen. Vielleicht war er einfach zu müde zum Streiten. Er saß schräg am Tisch, er blickte den Vater nicht an, er nahm in Ruhe eine Zigarette, zündete sie an, und mit dem Rauch, den er ausblies, fragte er: »Hast du denn schon unterschrieben?«

»Nein. Morgen oder spätestens übermorgen. Sobald der Vertrag aufgesetzt ist. Dann berichtet mir Madec, und dann geh' ich aufs Gemeindeamt und unterschreibe.«

»Eben nicht«, erwiderte Yves, drehte sich um und wandte sich dem Vater ganz zu. »Eben nicht!«

»Was nicht?«

»Du wirst nicht unterschreiben.«

»So? – Und warum nicht?«

»Weil ich nicht nach Paris zurückkehre. Weil ich hierbleibe. Und was soll ich hier tun, wenn du verkaufst?«

»Du bleibst nicht hier! Auf keinen Fall!« schrie Jules und schlug mit der Faust auf den Tisch.

»Und warum bleibe ich nicht hier?«

»Weil hier nichts mehr ist, du Idiot! Gar nichts mehr. Weil die Bretagne nach dieser Ölkatastrophe fertig ist. Aus, kaputt! – Deshalb.«

Marie-Louise, Gaston und Odette standen unbeweglich. Sie wußten – oder wenigstens Gaston und Odette wußten es –, daß jetzt die entscheidende Auseinandersetzung stattfand. Die Auseinandersetzung nicht nur zwischen

Vater und Sohn, sondern zwischen zwei Generationen, die sich sonst nicht viel zu sagen hatten.

Yves sagte: »Odette, ich muß jetzt ernsthaft mit Papa reden. Da brauche ich dich. Wenn du dabei bist, fällt es mir leichter. Bitte! Du auch, Gaston.«

»Und ich geh' nach Hause«, sagte Marie-Louise schnell. »Es ist schon spät.«

»Ich begleite dich«, sagte Gaston. Ihm war nicht danach zumute, sich an den Tisch zu setzen und den Streit mitanzuhören.

»Gut«, sagte Yves, »dann geh! Gute Nacht, Marie-Louise. Aber du, Odette, du setzt dich noch zu uns, nicht wahr?«

Vielleicht hatte sie zuerst nein sagen wollen, denn auch sie ging der Streit dieser beiden nichts an. Aber sie spürte deutlich, daß Yves sie brauchte. Wirklich brauchte! Er, der sich so sicher gab, auch jetzt noch mit seinen weit ausgestreckten Beinen, dem leisen Lächeln auf den Lippen. So sicher!

Sie sagte nichts, setzte sich zu ihnen. Daß er sie brauchte, wenn irgendeinmal, dann gerade jetzt, das spürte sie deutlich. Er ergriff ihre Hand, legte sie auf den Tisch wie ein Buch, legte die seine darauf und sagte: »Danke.«

Jules hatte das alles kaum oder gar nicht bemerkt. Immer noch saß er angriffsbereit am Tisch. Er hatte gesagt: Die Bretagne ist kaputt. Er hatte nicht übertreiben wollen, er hatte bloß ausgesprochen, was jeder hier dachte, auch die Älteren. Und gerade die Alten wissen doch sonst immer noch irgendeinen Trost, eine Erinnerung an früher, wo es auch schlimm war, und man hatte es doch überstanden. Diesmal nicht. Diesmal sagten alle: »Im Krieg war's schlimm. Aber so war's denn doch nicht.«

»Hör mich mal an, Papa«, sagte Yves. »Es hat keinen Sinn, daß du so tust, als wolltest du mir im nächsten Augenblick an die Gurgel springen. Ich glaube es dir doch nicht. Und ich habe auch meinen Dickschädel. Genau wie du! Also, versuchen wir, vernünftig miteinander zu reden. Ich kehre nicht nach Paris zurück. Warte, red mir nicht immer drein! Das ist das Allerschwierigste mit dir: du kannst einen nicht ausreden lassen! Hör doch endlich einmal zu! Nur ein einziges Mal zu. Ich habe heute mit Robert Blanchard und den andern gesprochen. Wir meinen, es kann so nicht weitergehen. Immer ausweichen, sich wegdrängen lassen. Madec baut Haus an Haus. Wenn es irgendwo noch ein Stück Land gibt, wo man das Meer sieht, da stellt der sicher seine kotzlangweiligen Einfamilienhäuschen hin. Wenn dazu noch diese Tanks kommen, ist die ganze Gegend verhunzt. Das wollen wir nicht, das müssen wir auch nicht hinnehmen. Aber wenn wir uns nicht wehren, geschieht es uns recht, wenn sie uns ›schmucke‹ Häuschen und ›fortschrittliche Tanks‹ vor die Nase stellen. Deshalb bleibe ich hier. Natürlich kannst du mich hier rauswerfen, aber von Lornac weg bringst du mich nicht.«

Jules hatte seine angriffige Haltung aufgegeben. Er schüttelte langsam den Kopf, so, als verstehe er die Welt nicht mehr. Er konnte wirklich nicht verstehen. Noch nicht. Nach einer Weile sagte er: »Was willst du hier? Wir haben keine Gäste mehr. Niemand kommt im Sommer zu uns.«

»Ich habe mir das alles überlegt«, erwiderte Yves. »Weiß ich auch, daß du diesen Sommer keinen einzigen Gast haben wirst. Wer hält es denn aus in diesem verdammten Gestank. Alle Hotels an der Nordküste der Bretagne werden diesen Sommer leer bleiben. Aber im nächsten Jahr kommen die Gäste wieder. Bis zum nächsten Jahr ist die Küste gesäubert, und die Leute haben vergessen.«

»Und wovon leben wir bis zum nächsten Jahr? Wenn auch kein Kunde in den Laden kommt?«

»Die kommen bald wieder, das kannst du mir glauben. Die wissen alle jetzt schon, daß du recht gehabt hast mit deinem Widerstand. Die wissen bloß noch nicht, wie sie es anfangen sollen, sich mit dir zu versöhnen. Die schämen sich einfach, das ist alles. Aber sie kommen wieder. Und wenn sie nicht kommen, macht es auch nichts. Dann essen wir den Winter über unsere Vorräte auf. Davon können wir leben.«

»Du bist verrückt! So ein alter Kasten wie mein Hotel. Heute wollen die Leute Luxus.«

»Sollen sie haben. Wir werden den Grill da hinten wieder anzünden. Wie zu Mamas Zeiten. Steaks vom Kohlengrill. Keine Bar. Hier wird der Speisesaal eingerichtet. – Laß mich nur machen, ich hab' meine Pläne im Kopf. Im Sommer stellen wir einen Grill am Strand unten auf. Würstchen und Pommes frites. Wenn die Abende kühler werden. Das tun sie in Deutschland, von denen können wir lernen. Ich sag' dir, von den Deutschen kann man lernen, wie man ein Geschäft aufzieht.«

Jules ging langsam hinter die Theke, schenkte sich ein Glas Wein ein, setzte sich wieder, dann sagte er zu Odette: »Er will sich opfern. Mitleid mit dem alten Vater. Deshalb will er den barmherzigen Samariter spielen. Ich brauche keinen barmherzigen Samariter, sag es ihm, Odette.«

»Sie sind ungerecht«, erwiderte Odette ungewöhnlich scharf. »So? Bin ich? Du denkst vielleicht, ich kenn' den nicht? Aber ich kenne ihn eben besser als du. Gut, ich sag' es ihm selbst: Hör mal zu, mein Sohn: ich brauch' deine Hilfe nicht. Ich brauche dich nicht! Und noch weniger brauche ich dein Mitleid. Hau ab! Geh zu deinem Schwager und laß mich zufrieden.«

»Du mit deinem bretonischen Dickschädel«, sagte Yves leise und freundlich. »Ich brauch' dich nicht! So ein blödes Geschwätz! Gut, dann brauchst du mich eben nicht.« Und dann plötzlich so laut, daß Odette zusammenfuhr: »Aber ich brauch' dich! Verdammt noch mal! Ich brauche dich! Wie oft soll ich es denn noch sagen.«

Es war eine Weile ganz still im Raum. Dann sagte Jules kleinlaut: »Ich brauch' dich doch auch.« Fast zärtlich sagte er es. »Aber wenn du hierbleiben willst – wenn du tun willst, was du eben gesagt hast, dann mußt du Odette bitten, daß sie hierbleibt. Dann brauchen wir Odette. Dann brauchst du Odette. Mehr, als du mich brauchst.«

»Nein«, erwiderte Yves. »Sie soll gehen. Es ist besser so. Sie weiß es, und ich weiß es auch. Aber sie kommt zurück. Nicht wahr, Odette, du kommst zurück.«

»Ja«, sagte sie, »wenn im Herbst die Saison in Montreux zu Ende ist, komme ich zurück.«

Jules blickte beide schweigend an, das leise Erstaunen in den Augen, das ältere Menschen oft haben, wenn sie das Treiben der Jungen betrachten. Denen ist alles zuzutrauen, sagen ihre Blicke.

»Ich habe gedacht«, sagte er schließlich mit zögernder Stimme, als wisse er nicht, ob das gesagt werden dürfe, »ich habe immer gedacht, daß du ihn liebst. Und ich habe gedacht, im Grunde liebt er dich auch.«

»Siehst du«, rief Yves spöttisch, um seine Verlegenheit zu überspielen, »siehst du, manchmal ziehst du ganz vernünftige Schlüsse. Du hast also gedacht, sie liebt mich. Und du hast ganz heimlich sogar gedacht, ich liebe sie auch. Das stimmt ja, nur hättest du es nicht zu erwähnen brauchen. Wir wissen es nämlich beide, Odette und ich. Wäre ich denn sonst einverstanden gewesen, daß sie nach Montreux geht und in einem vornehmen Hotel die Zimmer für vornehme Faulenzer macht? Wo es so einem Faulenzer einfallen könnte, einmal im Zimmer zu warten, wenn sie mit frischen Badetüchern anrückt. Und nicht nur zu warten, noch viel mehr könnte ihm einfallen, wenn er Odette sieht. Wenn man sie anschaut, da braucht es nämlich keine große Phantasie, daß einem etwas einfällt. Das ist ein gefährlicher Beruf: Zimmermädchen. Wenn man so aussieht wie Odette. Man darf ein Mädchen nur gehen lassen, wenn man ganz sicher ist, sie hat ihre Liebe zu Hause aufbewahrt. Wenn Odette zurückkommt, werden wir heiraten. Ich habe sie nie gefragt. Ich frage sie jetzt: Nicht wahr, Odette, wir heiraten im Herbst?«

Sie lachte: »Ich weiß noch nicht. Vielleicht begegnet mir ein anderer Mann im Palacehotel, der mir gefällt.«

»Gut. Und wenn dir keiner begegnet?«

»Dann komme ich zurück, und dann will ich – wenn du dann noch willst.«

Nachtrag

Am 25. Oktober 1978 war in der Zeitung ›Journal de Bretagne‹ unter den Lokalnachrichten folgendes zu lesen: »In Lornac, dem Ort, der neben Portsall am meisten unter der Ölkatastrophe der ›Amoco Cadiz‹ gelitten hat, haben die jüngeren Einwohner noch im Frühling einen Ortsverein gegründet. Heute gehören dem Verein mehr als die Hälfte der erwachsenen Einwohner an. Dieser Ortsverein setzt sich für die Erhaltung der Lebensqualität ein. Er wehrt sich offenbar recht erfolgreich gegen jeden Versuch, die Lebensqualität zu zerstören oder zu beeinträchtigen. Einer der Gründer des Vereins, Yves Kerjean, hat unserem Reporter erklärt: ›Es gibt einfach Dinge, die sind mit Geld nicht zu bezahlen. Was nützt denn alles Geld, wenn das Leben nicht mehr lebenswert ist? Unser Kampf ist schwierig, wir haben mächtige Feinde. Aber wir werden nicht aufgeben.‹

Bereits im Frühling hatte der neugegründete Verein einen ersten Erfolg zu verzeichnen. Es ist ihm gelungen, den Bau von Öltanks zu verhindern, die die Schönheit dieses Küstenstriches zerstört hätten. Und am letzten Wochenende konnte der Ortsverein einen weiteren Erfolg buchen: Gemeindepräsident Madec, der als treibende Kraft hinter dem Bau der Öltanks stand, ist nicht wiedergewählt worden. Er mußte sein Amt einem Mann abtreten, der sich für den Umweltschutz einsetzt.«

Nachtrag zum Nachtrag

Lornac ist überall!

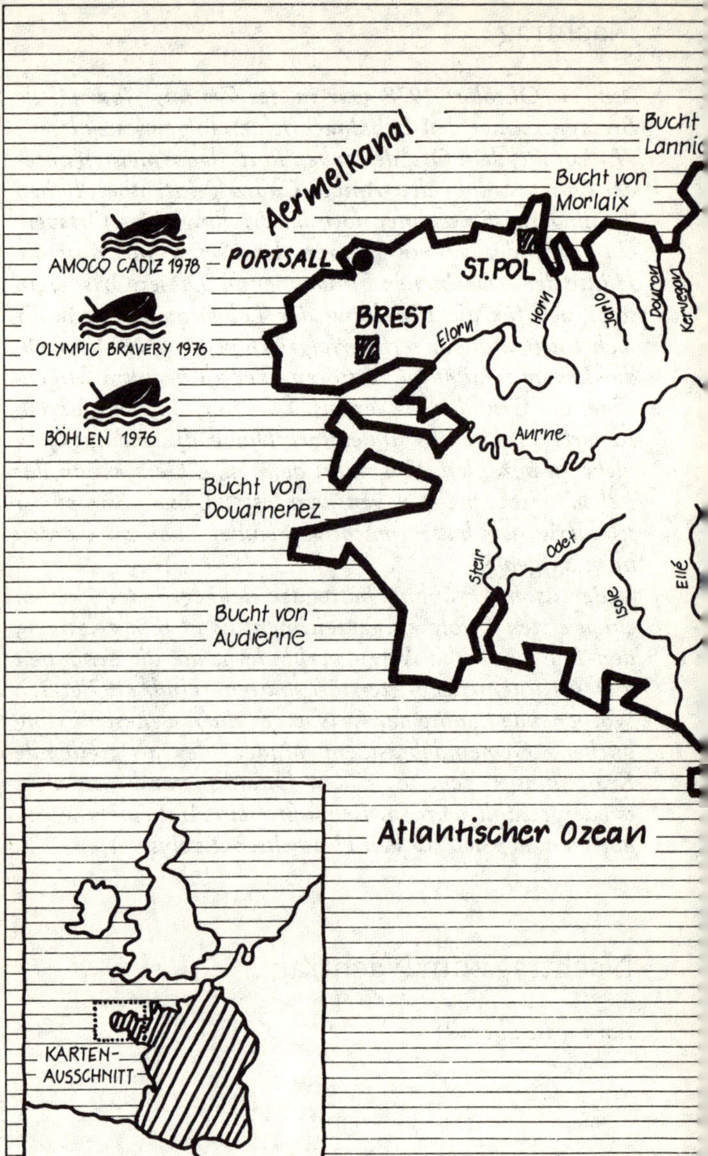

Aermelkanal
Bucht
Lannic
Bucht von
Morlaix
AMOCO CADIZ 1978
PORTSALL
ST. POL
BREST
OLYMPIC BRAVERY 1976
BÖHLEN 1976
Elorn
Horn
Jarlo
Douron
Kervegan
Aurne
Bucht von
Douarnenez
Steir
Odet
Isole
Ellé
Bucht von
Audierne
Atlantischer Ozean
KARTEN-
AUSSCHNITT

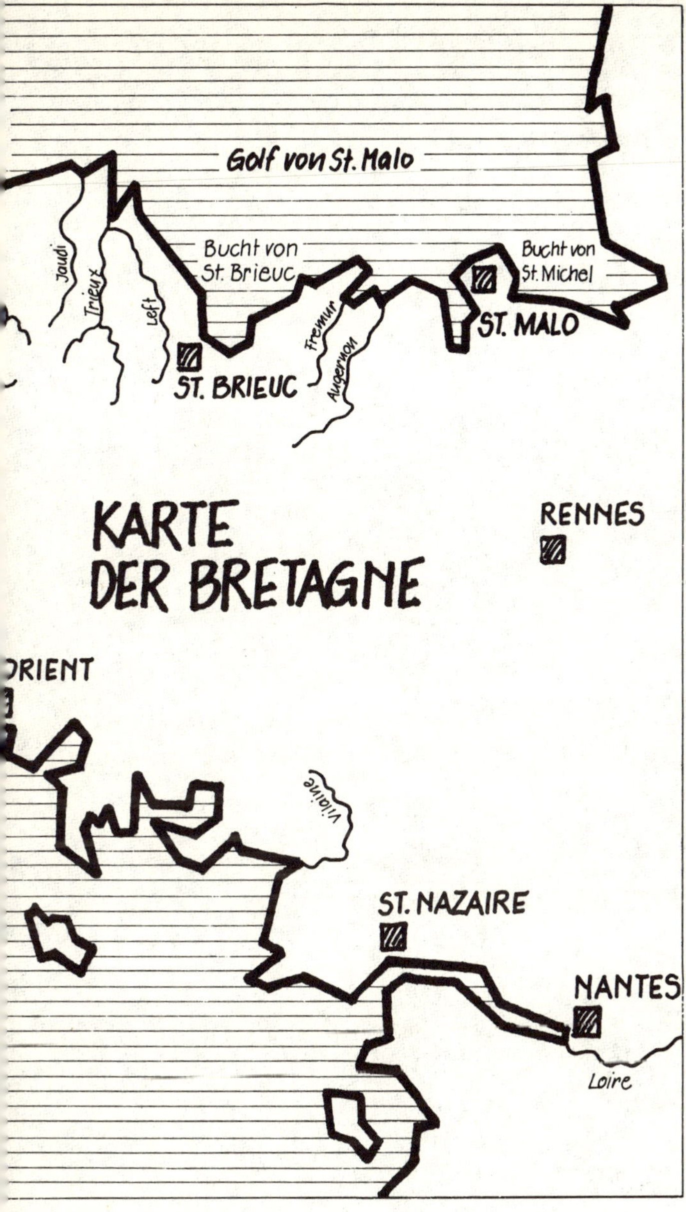

Golf von St. Malo
Jaudi
Trieux
Leff
Bucht von St. Brieuc
Bucht von St. Michel
Fremur
Augernon
ST. MALO
ST. BRIEUC
KARTE DER BRETAGNE
RENNES
ORIENT
Vilaine
ST. NAZAIRE
NANTES
Loire